土木工程地质
实习指导书

第二版

张友谊 / 主编

T UMUGONGCHENG DIZHI
SHIXI ZHIDAOSHU DIERBAN

四川大学出版社
SICHUAN UNIVERSITY PRESS

图书在版编目（CIP）数据

土木工程地质实习指导书 / 张友谊主编 . — 2 版
. — 成都 : 四川大学出版社，2024.5
ISBN 978-7-5690-6895-5

Ⅰ . ①土… Ⅱ . ①张… Ⅲ . ①土木工程－工程地质－
高等学校－教学参考资料 Ⅳ . ① P642

中国国家版本馆 CIP 数据核字（2024）第 097814 号

书　　名：土木工程地质实习指导书（第二版）
　　　　　Tumu Gongcheng Dizhi Shixi Zhidaoshu（Di-er Ban）
主　　编：张友谊

选题策划：唐　飞
责任编辑：唐　飞
责任校对：王　锋
装帧设计：墨创文化
责任印制：王　炜

出版发行：四川大学出版社有限责任公司
　　　　　地址：成都市一环路南一段 24 号（610065）
　　　　　电话：（028）85408311（发行部）、85400276（总编室）
　　　　　电子邮箱：scupress@vip.163.com
　　　　　网址：https://press.scu.edu.cn
印前制作：四川胜翔数码印务设计有限公司
印刷装订：四川五洲彩印有限责任公司

成品尺寸：185mm×260mm
印　　张：7.5
字　　数：157 千字

版　　次：2018 年 4 月　第 1 版
　　　　　2024 年 5 月　第 2 版
印　　次：2024 年 5 月　第 1 次印刷
定　　价：25.00 元

扫码获取数字资源

四川大学出版社
微信公众号

再版前言

工程地质实习是土木工程地质教学中十分重要的环节,其目的是在课程理论学习的基础上,运用和巩固理论知识,提高对造岩矿物、岩石的感性认识,提高阅读和分析地质图的能力,通过对基本地质现象的野外实地调查和现场测绘,掌握不良工程地质现象勘测的基本内容和方法,为后续土木工程专业课程的学习及将来工作中应用有关地质资料奠定一定基础。

本书为满足土木工程地质实习的需要,根据土木工程地质教学大纲的基本要求,总结土木工程地质实习的教学经验,经西南科技大学土木工程与建筑学院土木工程地质学科组审查并提出补充意见,同时经多次修改,最后定稿编写而成。

全书主要内容包括三个部分,各部分编写人员及内容如下:第一部分为室内实验及课堂实习,由张友谊、田文高编写,主要包括常见矿物、岩石肉眼和镜下观察实习,课堂阅读和分析地质图、绘制地质剖面图实习;第二部分为野外实习,由张友谊、樊晓一编写,介绍北川野外土木工程地质实习的要求及相关内容;第三部分为附录,由张友谊、顾成壮编写,即工程地质部分相关的基础资料及图表。与此同时,本书在第一版的基础上新增了课程思政相关内容。

由于编者水平有限,书中不妥之处在所难免,恳请各位读者批评指正。

编者

2024 年 3 月

目　录

第一部分　室内实验及课堂实习 ……………………………………………………（1）

实习1　造岩矿物的肉眼鉴别及认识古生物化石 ……………………………（1）

实习2　沉积岩、岩浆岩、变质岩的肉眼鉴定 ………………………………（5）

实习3　地质图的基本知识及读地质图 ………………………………………（11）

实习4　绘制工程地质剖面图 …………………………………………………（16）

第二部分　野外实习 …………………………………………………………………（19）

实习5　北川野外土木工程地质实习 …………………………………………（20）

第三部分　附录 ………………………………………………………………………（43）

附录1　认识古生物化石 ………………………………………………………（43）

附录2　各种常见岩石花纹图例 ………………………………………………（46）

附录3　地层代号和色谱 ………………………………………………………（55）

附录4　地质罗盘的结构及功能 ………………………………………………（57）

附录5　土的工程分类 …………………………………………………………（63）

附录6　岩石分类和鉴定 ………………………………………………………（64）

附图1　太阳山地区地质图（1∶15000） ……………………………………（68）

附图2　朝松岭地形地质图（1∶25000） ……………………………………（70）

附图3　暮云岭地形地质图（1∶25000） ……………………………………（70）

附图4　北川老县城地灾点地形地质图 ………………………………………（71）

附表1　真、视倾角换算表 ……………………………………………………（73）

附表2　节理调查表 ……………………………………………………………（74）

附表3　不良地质工点调查表 …………………………………………………（75）

附表4　滑坡调查表 ……………………………………………………………（76）

附表5　崩塌调查表 ……………………………………………………………（79）

附表6　泥石流调查表 …………………………………………………………（82）

参考文献 ………………………………………………………………………………（85）

第一部分　室内实验及课堂实习

本部分实习内容包括造岩矿物的肉眼鉴别及认识古生物化石、三大岩石的肉眼鉴定、地质图的识别及工程地质剖面图的绘制。通过本部分的学习，运用马克思主义认知论，在引导学生观察事物表象的同时，透过现象看本质，了解事物的内在特征。

实习 1　造岩矿物的肉眼鉴别及认识古生物化石

一、实习目的和要求

1. 实习目的
(1) 熟悉矿物的概念，了解矿物的多样性和复杂性。
(2) 识别造岩矿物的鉴定特征（形态、光学性质、力学性质）。
(3) 练习和掌握肉眼鉴定矿物的方法，学会正确使用摩氏硬度计。
2. 实习要求
(1) 纪律要求：严格遵守地质陈列馆或实验室纪律要求，严禁打闹、大声喧哗，损坏实验室内标本、物品需照价赔偿。
(2) 实习用品：教材、实习指导书、实习报告书、放大镜、小刀、条痕板、稀盐酸、镁试剂等。
(3) 能描述几种常见的矿物。

二、实习内容

(1) 预习/复习教材矿物章节相关内容，仔细阅读实习说明。
(2) 阅读"附录 1"，认识古生物化石。
(3) 重点观察和认识下列实习标本：石英、斜长石、正长石、黑云母、白云母、石膏、方解石、白云石、高岭石、石墨、辉石、角闪石、黄铁矿、磁铁矿、赤铁矿、褐铁矿等矿物。
(4) 观察和了解矿物的标准色谱、硬度、形态标本。
(5) 此实习可安排在标本室、地质陈列馆或相关实验室内完成。

三、实习说明

1. 矿物的形态

按矿物的发育情况及生长方式，可将矿物的形态分为单体形态和集合体形态。

1）单体形态

根据矿物的单个晶体在三度空间发育程度的不同，单体形态可大致分为以下三类。

（1）粒状：单体在三度空间的发育程度基本相等，如黄铁矿（立方体）、磁铁矿（八面体）等。

（2）板状、片状：晶体两向延长发育，如斜长石（板状）、白云母（片状）等。

（3）针状、柱状：晶体一向延长发育，如石英（锥柱状）、角闪石（长柱状）等。

2）集合体形态

根据集合体矿物结晶程度、颗粒大小的不同，集合体形态可分为显晶集合体、隐晶和胶状集合体。

（1）显晶集合体：肉眼可以辨认集合体中的矿物单体，按单体的形态和集合方式的不同，可分为以下几种。

①粒状集合体：由许多粒状矿物单体集合而成，如橄榄石、磁铁矿等。

②片状集合体：由许多片状矿物集合而成，如白云母、黑云母等。

③纤维集合体：由许多针状矿物晶体平行排列而成，如纤维石膏等。

④放射状集合体：由针状或柱状矿物晶体以一点为中心向外呈放射状排列而成，如放射状线柱石（菊花石）等。

⑤晶簇状集合体：由丛生于同一基壁上的矿物晶体集合而成，如石英晶簇、方解石晶簇等。

（2）隐晶和胶状集合体：肉眼不能辨认集合体中的矿物单体，但在显微镜下隐晶集合体能分辨矿物质的单体，胶状集合体为非晶质，不能看出其单体界线。隐晶集合体可以由溶液直接结晶而成，也可以由胶体沉积而来，按其外表形态可进一步划分为以下几种。

①鲕状集合体：由许多呈鱼卵状的球体、椭球体所组成的矿物集合体，鲕状集合体的大小一般小于 2 mm，具有同心层状构造，如鲕状赤铁矿、鲕状灰岩等。

②肾状集合体：外表形态呈扁平长圆形，大小一般为几厘米，如肾状赤铁矿等。

③钟乳状集合体：由溶液在岩石洞穴或孔隙中，逐层结晶沉淀，或是由胶体逐层凝聚沉淀而成。最常见的如石灰岩溶洞中的石钟乳和石笋（钟乳状的方解石）以及针铁矿、硬锰矿的钟乳状体等。

2. 矿物的光学性质

矿物的光学性质是光学投射到矿物后所产生的特性，这些性质表现的方面很多，实习中应主要学会观察矿物的颜色、条痕和光泽。

1）矿物的颜色

矿物的颜色有自色和他色两种类型，通常用标准色谱红、橙、黄、绿、青、蓝、紫及黑、灰、白加上形容颜色的形容词来描述，如深绿、淡黄等；颜色介于二者之间的用二色法来描述，如黄绿、橙红等；另外，还有用类比法来描述矿物的颜色，如铁黑色（磁铁矿）、铅灰色（方铅矿）、铜黄色（黄铜矿）、肉红色（正长石）、橄榄绿色（橄榄石）等。

2）矿物的条痕

矿物的条痕是矿物粉末的颜色，通常将矿物在无釉瓷板上刻划获得并进行观察。如矿物的硬度大于瓷板，不能刻划出条痕时，则可把该矿物用干净小铁锤敲打成粉末，然后置于白纸上观察。

注意：获得条痕时，不可用力过猛，以免压碎矿物而得不到矿物的粉末。同时，测试的矿物应保证新鲜，否则不易获得矿物的真正条痕。

3）矿物的光泽

光泽是矿物表面对光的反射能力，应在矿物的新鲜面上进行观察。注意矿物的解理面、晶面、断口上的光泽并不一致，如石英晶面的光泽为玻璃光泽，而其断口的光泽为油脂光泽。通常根据反射能力自强而弱分为：金属光泽、半金属光泽、金刚光泽、玻璃光泽、油脂光泽与树脂光泽、丝绢光泽、珍珠光泽、土状光泽。

3. 矿物的力学性质

矿物的力学性质是指矿物受外力作用所表现出来的各种形状，主要掌握矿物的解理、断口和硬度。

1）矿物的解理和断口

解理是指矿物受外力作用时，能沿一定方向破裂成平面的性质，只能在单个晶体中出现。因此只有在矿物晶体颗粒较大的情况下，肉眼才能看出解理，也可以用放大镜观察。根据晶体受力时是否易于沿解理面破裂，以及解理面的大小和平整光滑程度分成完全、中等和不完全等级别。

矿物受外力打击后会无规则地沿着解理面以外方向破裂，其破裂面称作断口。根据断口的形态特征分为贝壳状断口、参差状断口、锯齿状断口和平坦状断口。

2）矿物的硬度

硬度是矿物抵抗外力机械作用的强度。测定硬度时，必须在矿物单体的新鲜面上测试，刻划时不宜用力过猛。另外，在刻划时是用较小硬度的矿物去刻划较大硬度的矿物，常在被刻划的矿物表面留下一条粉末的痕迹。因此测试硬度时应把粉末擦去，看矿物表面有没有被刻划的痕迹，然后再进行对矿物的相对硬度的判断。

硬度常采用摩氏硬度进行表示，它是以选定的 10 种矿物作为标准，这 10 种矿物由软到硬依次为：1 滑石、2 石膏、3 方解石、4 萤石、5 磷灰石、6 正长石、7 石英、8 黄玉、9 刚玉、10 金刚石，即"滑石方，萤磷长，石英黄玉刚金刚"。

四、练习及作业

1. 练习

（1）比较辉石和角闪石在形态上的区别。

（2）比较正长石、斜长石、石英在颜色上的区别。

（3）比较磁铁矿与赤铁矿在条痕上的区别。

（4）比较云母和纤维石膏、石英的晶面和断口在光泽上的区别。

（5）用摩氏硬度计中的矿物对其他矿物进行硬度测试。

（6）比较方解石、正长石、石英的解理发育情况。

2. 作业

对下列矿物加以鉴定，并填写矿物鉴定表：

角闪石、辉石、石英、正长石、斜长石、黑云母、白云母、高岭石、石膏、方解石、白云石、橄榄石。

表 1.1 造岩矿物肉眼鉴定表

日期：　　　年　　月　　日

矿物编号	矿物名称	形态		颜色	光泽	解理	断口	硬度	其他
		单体	聚合体						

实习 2　沉积岩、岩浆岩、变质岩的肉眼鉴定

一、实习目的和要求

1. 实习目的

（1）熟悉沉积岩的概念，练习肉眼鉴定沉积岩的基本方法。

（2）熟悉岩浆岩的概念，练习肉眼鉴定岩浆岩的基本方法。

（3）熟悉变质岩的概念，练习肉眼鉴定变质岩的基本方法。

2. 实习要求

（1）纪律要求：严格遵守地质陈列馆或实验室纪律要求，严禁打闹、大声喧哗，损坏实验室内标本、物品需照价赔偿。

（2）实习用品：实习指导书、实习报告书、放大镜、小刀、条痕板、稀盐酸等。

（3）掌握肉眼鉴定沉积岩的方法，学会鉴定几种最常见的沉积岩。

（4）掌握肉眼鉴定岩浆岩的方法，认识岩浆岩的各种结构、构造特征，学会鉴定几种最常见的岩浆岩。

（5）掌握肉眼鉴定变质岩的方法，认识变质岩的主要矿物成分及各种结构、构造特征，学会鉴定几种常见的变质岩。

二、实习内容

（1）预习/复习教材岩石章节相关内容，仔细阅读实习说明。

（2）重点观察和认识下列实习标本。

①沉积岩。

岩石标本：砾岩、粗砂岩、中砂岩、细砂岩、粉砂岩、黏土岩、石灰岩、白云岩。

构造标本：波痕、泥裂、层理。

②岩浆岩。

岩石标本：玄武岩、花岗岩、辉长岩、橄榄岩、闪长岩、安山岩、流纹岩、黑曜岩。

③变质岩。

岩石标本：板岩、千枚岩、片岩、片麻岩、大理岩、石英岩。

（3）此实习可安排在标本室、地质陈列室或相关实验室内完成。

三、实习说明

沉积岩

观察沉积岩标本时先描述颜色，然后观察结构、构造和物质成分。

1. 碎屑岩

具有典型的碎屑结构，观察描述以下内容。

（1）颜色：要求指出岩石的总体颜色，并能区别新鲜面和风化面的颜色。

（2）构造：看有无微层理和层面构造，一般以块状构造常见。

（3）结构：碎屑岩具有典型的碎屑结构，由以下两部分组成。

①碎屑部分：描述碎屑颗粒的大小及含量，若为粗碎屑岩，描述砾石或角砾的大小、形态、磨圆度等。

②胶结部分：常见的胶结物有泥质（土状，岩石较松散，小刀可以刻动，并可以在水中泡软）、铁质（岩石呈紫红色或褐色）、硅质（白色，硬度大于小刀，往往胶结紧密）、钙质（白色，加稀盐酸强烈起泡）。

（4）碎屑成分：常见的有石英、长石、白云母及岩屑碎屑，确定碎屑成分及含量。

（5）命名：碎屑岩按碎屑颗粒的大小先定出砾岩、砂岩、粉砂岩、泥质岩等基本名称，再按碎屑粒级、成分细分。

2. 泥质岩

泥质岩由黏土矿物组成，矿物颗粒非常细小，故在手标本中肉眼鉴定其成分是困难的，主要观察描述泥质岩的颜色和物理性质。

（1）颜色：一般的泥质岩往往为浅色，混入有机质则显黑色，混入氧化铁呈褐色，含绿泥石、海绿石等为绿色。

（2）物理性质：观察岩面断口、硬度、可塑性，在水中是否易泡软，吸水性强弱等。

（3）构造：观察岩石中有无层理、波痕、结核、泥裂等。

（4）是否含有生物化石。

（5）泥质岩易和粉砂岩混淆：肉眼鉴定一般用手研磨岩石粉末，有无砂感予以区别。若无砂感者，则一定为泥质岩。

（6）命名：泥质岩本身的进一步分类根据固结程度、有无页理构造分为黏土、泥岩和页岩，有的还可根据颜色、硬度和滴酸起泡等进一步分为铁质、硅质和钙质页岩等。

3. 化学岩和生物化学岩

（1）颜色：灰—灰白色居多，但往往随混入物而变化。

（2）构造：应注意有无微细层理和层面构造，有无化石等。

（3）结构：若为结晶粒状，要按粒度划分粗、中、细粒及确定其含量；若为生物碎屑，要分清生物种属及其含量。

（4）断口：可反映岩石的固结程度和结构、构造。如岩石由显微粒状方解石或白云石组成，固结差的为土状断口；固结致密的为贝壳状断口；颗粒较粗大而均匀的则呈

"砂糖状断口",颗粒较小不均匀而含有生物碎屑的则呈不平坦断口,若有显微层理,则呈阶状断口。

(5)硬度:一般小于小刀,如混入硅质则硬度增加。

(6)遇酸反应:加酸起泡难易程度。

(7)命名:化学岩和生物化学岩主要根据物质组成进一步分类命名,其中碳酸盐类岩还应根据钙、镁和黏土物质的百分含量(即与盐酸反应难易程度),以及碎屑的成分与结构进一步细分类。

4.描述举例

标本编号:×× 产地:××

描述:黄绿色,带少量褐色斑点,泥质结构,岩石致密,硬度低,指甲可刻动,断口粗糙,表面光泽暗淡,可见细小云母片,含三叶虫和贝壳化石碎片,具有平行的薄层状页理构造,滴盐酸起泡。

命名:黄绿色含生物钙质页岩。

岩浆岩

(1)观颜色、初定类:岩石的颜色反映了矿物成分及其含量,是岩石分类命名的直观依据。但需要指出的是,在估计暗色矿物含量时,易产生肉眼视觉上的误差。浅色矿物覆于暗色矿物之上时,由于其透明性,易把它看成暗色矿物,故对暗色矿物含量的估计往往偏高。另外,还要注意次生变化颜色的影响。

(2)辨矿物、定大类:在根据颜色分成三大部分的基础上,再根据矿物种类、含量和共生组合特征,把岩石分成超基性岩、基性岩、中性(钙碱性)岩、酸性岩四类,即可确定岩石属于哪一大类。

方法:指示矿物分两头,暗色矿物分中间,共生矿物来检验。SiO_2含量>65%为酸性岩;橄榄石(+辉石,或角闪石)含量<45%为超基性岩;中、基性岩皆为斜长石+暗色矿物。中、基性岩的划分除色率外,主要有以下两点规律。

①暗色矿物种类:中性岩石以角闪石为主,基性岩以辉石为主。

②共生矿物种类:基性岩与超基性岩可找到少量橄榄石;中性岩与酸性岩相邻,可找到少量石英和肉红色钾长石。酸性岩和碱性岩颜色都是近肉红色,两者的区分主要根据:碱性岩的石英和斜长石(灰白色)含量都很少。

对具斑状结构的喷出岩和浅成岩,基质是隐晶质,肉眼则难以鉴定其成分,主要依靠斑晶来定名。因为斑晶一般是由岩石中的主要矿物组成的,故据斑晶矿物也可定类名。对于无斑晶的隐晶质结构岩石,只有根据岩石颜色和致密坚硬程度大致判断。含SiO_2较高的酸性隐晶质岩石往往硬度较大。

(3)看结构(构造)、推环境(产状):同类岩石成分相同,但每类根据不同的产状分成深成岩、浅成岩和喷出岩3种,分别给以不同的岩石种名。岩石产状即岩石生成环境,主要反映在结构、构造上。自然界中的岩石种类繁多,并且在各类之间存在许多过渡类型。

如某岩石中以角闪石、斜长石为主,次要矿物为石英(达5%~20%)、钾长石(达20%)、黑云母等,岩石应介于中酸性之间,定为花岗闪长岩;有的介于喷出岩和浅成岩之间，称之为超浅成岩。

（4）根据岩石的颜色，主要、次要矿物成分含量及结构构造详细定名。对于侵入岩，可采用颜色＋结构＋基本名称（如黑灰色中粒辉长岩）；对于喷出岩，可采用颜色＋构造＋基本名称（如黑色气孔状玄武岩）。

（5）描述举例。

标本编号：××　　产地：××

描述：黑灰色，风化面略显黑绿色，等粒中粒结构，颗粒一般为1～1.5 mm，块状构造，主要矿物为斜长石和辉石，各占55％和40％左右。斜长石为灰白色，柱状或粒状，时见解理面闪闪有光，玻璃光泽，辉石为黑色，短柱状，玻璃光泽，有的解理面清晰。岩石较新鲜，未遭次生变化。

命名：黑灰色中粒辉长岩。

变质岩

鉴别变质岩的方法、步骤与前述岩浆岩类似，但主要根据是其构造、结构和矿物成分。这是因为，变质岩的构造和结构是其命名和分类的重要依据。

（1）根据构造和结构特征，初步鉴定变质岩的类别。例如，具有板状构造者称板岩，具有千枚构造者称千枚岩等。具有变晶结构是变质岩的重要结构特征。例如，变质岩中的石英岩与沉积岩中的石英砂岩尽管成分相同，但前者具变晶结构，而后者却是碎屑结构。

（2）根据矿物成分含量和变质岩中的特有矿物进一步详细定名。一般来讲，要注意岩石中暗色矿物与浅色矿物的比例，以及浅色矿物中长石和石英的比例，因为这些比例与岩石的鉴定有着极大关系。例如，某岩石以浅色矿物为主，而浅色矿物中又以石英居多且不含或含有较少长石，就是片岩；若某岩石成分以暗色矿物为主，且含长石较多，则属片麻岩。变质岩中的特有矿物，如蓝晶石、石榴子石、蛇纹石、石墨等，虽然数量不多，但能反映出变质前原岩以及变质作用的条件，故也是野外鉴别变质岩的有力证据。关于板岩和千枚岩，因其矿物成分较难识辨，板岩可按"颜色＋所含杂质"方式命名，如可称黑色板岩、炭质板岩；千枚岩可据其"颜色＋特征矿物"来命名，如银灰色千枚岩、硬绿泥石千枚岩等。

对变质岩应描述岩石总体颜色，注意其岩石结构。若为变晶结构，则要对矿物形态进行描述。注意观察岩石中矿物成分是否为定向排列，以便描述其构造。用肉眼和放大镜观察可见的矿物成分应进行描述。若无变斑晶，就按矿物含量多少依次描述；若有变斑晶，则应先描述变斑晶成分，后描述基质成分。至于其他方面，如小型褶皱、细脉穿插、风化情况等，也应作简略描述。定名时，应本着"特征矿物＋片状（或柱状）矿物＋基本岩石名称"的原则。

（3）描述举例。

标本编号：××　　产地：××

描述：中细粒具显著面理，变质程度较千枚岩高片状矿物＞20％，长石含量＜25％。片状结构、块状构造主要由石英、酸性斜长石、绢云母、绿泥石或白云母、黑云母等组成，其中石英和长石的含量大于50％（长石含量小于25％）。

命名：白云母石英片岩。

四、作业

对下列岩石加以鉴定，并填写岩石标本鉴定表：

砾岩、粗砂岩、中砂岩、细砂岩、粉砂岩、黏土岩、石灰岩、白云岩、橄榄岩、辉长岩、玄武岩、闪长岩、安山岩、花岗岩、流纹岩、板岩、千枚岩、片岩、片麻岩、大理岩、石英岩。

表 2.1 沉积岩肉眼鉴定表

日期： 年 月 日

岩石编号	岩石名称	颜色	构造	结构	化学岩物质成分	碎屑岩				其他
						碎屑成分		胶结物		
						成分	含量	成分	含量	

表 2.2 岩浆岩肉眼鉴定表

日期： 年 月 日

岩石编号	岩石名称	颜色	主要矿物（含量>25%）	次要矿物（含量<25%）	结构		构造	其他
					结晶程度	结晶大小		

表2.3 变质岩肉眼鉴定表

日期： 年 月 日

岩石编号	岩石名称	颜色	主要矿物	次要矿物	结构	构造	变质类型	变质程度	其他

实习3 地质图的基本知识及读地质图

一、实习目的和要求

（1）明确地质图的概念，了解地质图的图式规格。

（2）了解阅读地质图的一般步骤和方法。

（3）掌握水平岩层和倾斜岩层在地质图上的表现特征。

（4）认真复习/预习附录2、附图1。

（5）实习用品：实习指导书、书夹、记录本、三角板、2B/HB铅笔、小刀、橡皮、米格纸、作业纸等。

二、实习说明

1. 地质图

地质图是用规定的符号、色谱和花纹将一定区域内的地质体（如地层、岩体、地质构造单元、矿床等）和地质现象按一定的比例概括地投影到平面图（地形图）上，反映出该地区各地质体和地质现象的形态、产状、规模、时代及其分布和相互关系的一种图件。

一幅正规的地质图应该有图名、比例尺、图例和图签。

（1）图名：表明所在地区和图的类型，一般采用图区内主要城镇、居民点或主要山岭、河流命名，如果比例尺较大、图幅面积小、地名不为众人所知或同名多时，则应在地名上写上所属的省（区）、市或县名。如"北京门头沟区地质图""四川省江油市马角坝地质图"，图名用端正美观的字体写于图幅上端正中或图内适当的位置。

（2）比例尺：用以表明图幅反映实际地质情况的详细程度，有数字比例尺和线条比例尺，各有其特点。比例尺一般标注于图框外上方图名之下或者下方正中位置。

（3）图例：用各种规定的颜色和符号来表明地层、岩体的时代和性质。凡图内表示出的地层、岩石、构造及其他地质现象就应无遗漏地标出图例，图内没有的就不能上图例。图例通常是放在图框外的右边或下边，也可放在图框内足够安排图例的空白处。图例要按一定顺序排列，一般按地层、岩石和构造的顺序排列，并在其前面写上"图例"二字。

地层图例的安排是从上到下、由新到老，若放在图的下方，则一般是由左向右、从新到老排列。图例都画成大小适当的长方形格子，排列成整齐的行列，方格内的颜色和符号与地质图上同层位的颜色和符号相同，并在方格外适当位置注明地层时代和主要岩性。

（4）图签：主要是方便查找地质图和明确责任，因此又称为责任表，一般放在图框外右下方。

2. 地质剖面图

为了直观地反映地质图上最重要的地质构造，正规地质图常附有一幅或几幅切过图区主要构造的剖面图。

（1）剖面方位：左西右东，左北右南。剖面图在地质图上的位置用一细线标出，两端注上剖面代号，如Ⅰ—Ⅰ′，Ⅱ—Ⅱ′，A—A′，1—1′等。在相应剖面图的两端也相应注上同一代号。

（2）剖面图的比例尺应与地质图的比例尺一致，若剖面图附在地质图的下方，可不再注明水平比例尺，但垂直比例尺应表示在剖面两端竖立的直线上，并且竖直线上应注明各高程数。若剖面图垂直比例尺放大，则应分别注明水平比例尺和垂直比例尺。

（3）剖面图两端必须注明剖面方向（用方位角表示），剖面所经过的山岭、河流、公路及城镇等地名应标注在剖面对应的位置上。为项目美观，应排列在同一水平位置上。

（4）剖面图内一般不留空白。地下的地层分布、构造形态应根据该处地层厚度、层序、构造特征适当加以推断绘出，但一般不宜推断过深。

3. 地层柱状图

正式的地质图或地质报告中，常附有工作区的综合地层柱状图。地层柱状图可以附在地质图的左边，也可以绘成单独的一幅。比例尺可根据反映地层详细程度的要求和地层总厚度而定。图名书写于图的上方，一般标为"××地区综合地层柱状图"。

综合地层柱状图：按图区所有出露地层的新老叠置关系恢复成水平状态切出的一个具代表性的柱子。在柱子中表示出各地层单位或层位的厚度、时代及地层系统和接触关系等。

三、阅读地质图的一般步骤和方法

1. 读图步骤

（1）阅读地图。首先要看图名、比例尺，从图名、图幅代号和经纬度来了解图幅的地理位置和类型；从比例尺可以了解图上线段长度和面积大小，并可以反映地质体大小及详略程度；图幅编绘出版年月和资料来源，便于查明工作区的研究史。

（2）阅读图例。熟悉图例是读图的基础，首先要熟悉图幅所使用的各种地质符号，从图例中可以了解图区出露的地层及其年代、顺序，地层间有无间断，以及岩石类型、时代等。读图时最好与图幅区的综合地层柱状图结合起来，了解地层时代顺序和它们之间的接触关系（整合或不整合接触）。

（3）分析地形特点。在比例尺较大的地形地质图上，可从等高线形态和水系特征来了解地形特点。在中小比例尺的地质图上，一般无地形等高线，可根据水系分布、山峰高程的分布变化来分析地形的特点。

（4）分析地质概况。读图时一般要分析地层时代、层序、岩石类型、岩层性质及其相互关系。对应分析地质构造方面主要是褶皱构造的形态特征、空间分布、组合和形成时代；断裂构造的类型、规模、空间组合、分布和形成时代及其先后顺序；岩浆岩岩体产状、原生、次生构造以及变质岩区所表现的构造特征等。读图分析时，可以边阅读、边记录、边绘制示意剖面图或构造纲要图。

2. 读水平岩层地质图

阅读地质图的一般步骤：图名→比例尺→图例→图签→地形特点（等高线、水系、山峰等），先图外后图内，边读、边记录、边绘制剖面图。

水平岩层在地面和地形地质图上的特征是地质界线与地形等高线平行或重合，但不相交；在沟谷处界线呈"尖牙"状，其尖端指向上游；在孤立的山丘上，界面呈封闭的曲线。在岩层未发生倒转的情况下，老岩层出露在地形的低处，新岩层分布在高处。岩层露头宽度取决于岩层厚度和地面坡度，当地面坡度一致时，岩层厚度大的，露头宽度也宽；当厚度相同时，坡度陡处，露头宽度窄；在陡崖处，水平岩层顶、底界线投影重合成一线，造成地质图上岩层发生"尖灭"的假象。

3. 读倾斜岩层地质图

倾斜岩层的露头形状与地形起伏的关系如下：

（1）岩层倾向与沟谷坡向相反，V字形尖端指向上游，但V字形弯曲度大于等高线的弯曲度。

（2）岩层倾向与沟谷坡向相同，而岩层倾角大于沟谷坡度，V字形尖端指向下游。

（3）岩层倾向与沟谷坡向相同，而岩层倾角与沟谷坡度一致，在沟谷两侧岩层露头互相平行。

（4）岩层倾向与沟谷坡向相同，而岩层倾角小于沟谷坡度，V字形尖端指向上游，但V字形弯曲度小于等高线的弯曲度。

V字形法则："相反—相同"，且地质界线弯曲幅度小；"相同＞相反"；"相同＜相同"，且地质界线弯曲幅度大。

注意：①上述V字形规律都是指在沟谷中岩层的露头形状，若在倾斜的山脊、山梁或山坡等处，岩层的V字形尖端指向与在沟谷中的正好相反。②适用于大比例R，中小比例R反映不明显，因此很少用V字形法则来分析。

4. 阅读地质图实例

[参考工程实例]

以黑山寨地区地质图为例，如图3.1所示。

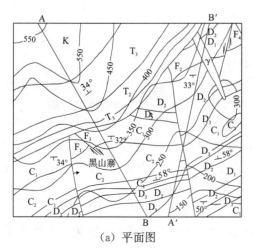

（a）平面图

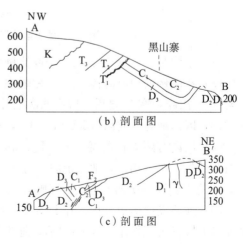

（b）剖面图

（c）剖面图

K 钙质砂岩	T₃ 泥灰岩	T₂ 石灰岩	T₁ 页岩	C₂ 石灰岩	C₂ 页岩夹煤	C₁ 石英砂岩		
D₃ 页岩	D₂ 石灰岩	D₁ 花岗岩	～ 地层界线	⌐⌐ 不整合线剖面	～ 断层	⌐32° 岩层产状		

地层单位			代号	石灰岩	厚度/m	地层岩性描述
界	系	统				
新生界	第三系		R		30	砂岩为主，局部为砂页岩互层
					角度不整合	
中生界	白垩系		K		250	燕山运动，褶皱上升缺失老第三系；为钙质砂岩夹页岩
					平行不整合	
中生界	三叠系	上	T₃		222	缺失侏罗系地层，上部为泥灰岩夹薄层；中部为厚度灰岩夹薄层；下部为页岩夹泥灰岩
		中	T₂			
		下	T₁			
					角度不整合	
古生界	石炭系	中	C₂		103	海西运动缺失上石炭系及二叠系地层；C₂为中厚层灰岩夹薄层灰岩；为页岩夹煤层，岩性软弱
		下	C₁			平行不整合
古生界	泥盆系	上	D₃		205	上部厚层石英砂岩，坚硬，抗压强度高；中部为页岩，层理发育，岩性软弱；下部为中厚层灰岩，发育有溶洞
		中	D₂			
		下	D₁			

(d) 地层柱状图

图 3.1 黑山寨地区地质图 （1∶10000）

（1）本图是 1.2 km^2 的 1∶10000 比例尺地质图。

（2）从图例的地层时代可知，主要图区分布古生界至中生界的沉积岩岩层，并有花岗岩（r）出露，在 C_2 之后，曾有两次上升隆起（$K-T_3$ 及 T_1-C_2 间不整合接触）。

（3）区内地势西北高（550 m 以上），东边为高 330 m 的残丘，且有河谷分布。

（4）区内有两大正断层（F_1、F_2）和黑山寨向斜构造，并有两处不整合接触。图内西北部是一单斜构造，地层走向 NE∠63°，倾向 NW∠34°。由断裂褶皱构造可知，在 T_1 之前是受到同一次构造运动的影响，T_1 之后未出现断裂构造。

（5）地质发展历史分析。在 D 和 C_2 期间，地壳进行缓慢下降运动，该区处于沉积平面以下接受沉积作用；在 C_2 以后，地壳剧烈变动，地层产生褶皱、断裂，并伴有岩浆活动，地壳随后上升，形成陆地，受到剥蚀；至 T_1 又被海水侵蚀，接受海相沉积；至 T_3 后期地壳大面积上升，该区再次形成陆地。J 期间，地壳暂处平静，受风化剥蚀；至 K 又缓慢下降，处于浅海环境，形成钙质砂岩；在 K 后期，地壳再次变动，东南部受到大幅度抬升，岩层发生倾斜；中生代后期至今地壳无剧烈构造运动。

四、作业

阅读分析"太阳山地区地质图"（见附图 1）。

实习 4　绘制工程地质剖面图

一、实习目的和要求

（1）掌握在地质图上绘制剖面图的方法。

（2）实习用品：实习指导书、实习报告书、铅笔、小刀、橡皮、直尺、三角板、纸张。

二、实习说明

1. 地质剖面图的定义及分类

地质剖面图（map of geological cross section）是按一定比例尺，表示地质剖面上的地质现象及其相互关系的图件。地质剖面图与地质图相配合，可以获得地质构造的立体概念。垂直岩层走向的地质剖面图，称为地质横剖面图；平行岩层走向的剖面图，称为地质纵剖面图；按水平方向编制的剖面图，称为水平地质断面图。按地质剖面所表示的内容，可分为地层剖面图、第四纪地质剖面图、构造剖面图等；按资料来源和精确程度，又分为实测、随手、图切剖面图等。

2. 绘制地层剖面图

1）地层剖面图内容

地层剖面图是表示地层在野外暴露的实际情况的概略性图件，用于路线地质工作之中。它在勾绘出地形轮廓的剖面上进一步反映出某一或某些地层的产状、分层、岩性、化石产出部位、地层厚度以及接触关系等地层的特征。地层剖面图的地形剖面和地层分层的厚度是目估的而非实际测量，这是它与地层实测剖面图的主要区别。

2）绘图步骤

（1）确定剖面方向，一般均要求与地层走向线垂直。

（2）选定比例尺，使绘出的剖面图不致过长或过短，同时又能满足表示各分层的需要。如实际剖面长，地层分层内容多而复杂时，剖面图要长一些，相反则短一些。一般地，一张图尽量控制在记录簿的长度以内，对于绘图和阅读都是比较方便的。如果实际剖面长度是 30 m，其分层厚度是数米以上时，则可用 1∶200 或 1∶300 的比例尺作图。

（3）按选取的剖面方向和比例尺勾绘地形轮廓，地形的高低起伏要符合实际情况。

（4）将地层及其分层的界线，按该地层的真倾角数值用直线画在地形剖面相应点之下方，这时，从图上就可量出各地层及其分层的真厚度。注意检查图上反映出的厚度与目估的实际厚度是否一致，如不一致，须找出绘图中的问题所在，并加以修正。

（5）用各种通用的花纹和代号表示各地层及分层的岩性、接触关系和时代，并标记出化石产出部位、地层产状。

（6）标出图名、图例、比例尺、方向及剖面图上地物的名称，如图 4.1 所示。

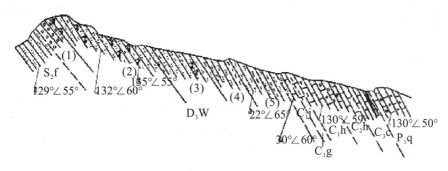

图 4.1　麒麟山地层剖面图

3. 绘制信手地质剖面图

如果是横穿构造线走向进行综合地质观察时，应绘制信手地质剖面图。它表示横过构造线方向上地质构造在地表以下的情况，这是一种综合性的图件，既要表示出地层，又要表示出构造，还要表示火成岩和其他地质现象以及地形起伏、地物名称及其他需要表示的综合性内容。绘好路线信手地质剖面图是地质工作者的一项重要基本功，必须掌握。

路线信手地质剖面图中的地形起伏轮廓是目估的，但要基本上反映实际情况，各种地质体之间的相对距离也是目测的，应基本正确，各地质体的产状则是实测的，绘图时，应力求准确。

图上内容应包括图名、剖面方向、比例尺（一般要求水平比例尺和垂直比例尺一致）、地形的轮廓、地层的层序、位置、代号、产状、岩体符号、岩体出露位置、岩性和代号、断层位置、性质、产状、地物名称。具体绘图步骤如下：

（1）估计路线总长度，选择作图的比例尺，使剖面图的长度尽量控制在记录簿的长度以内，当然，如果路线长，地质内容复杂，剖面可以绘得长一些。

（2）绘地形剖面图，目估水平距离和地形转折点的高差，准确判断山坡坡度、山体大小，初学者易犯的错误是将山坡画陡了。一般山坡不超过 30°，更陡的山坡人是难以顺利通过的。

（3）在地形剖面的相应点上按实测的层面和断层面产状，画出各地层分界面及断层面的位置、倾向及倾角，在相应的部位画出岩体的位置和形态。相应层用线条连接以反映褶皱的存在和横剖面的特征。

（4）标注地层、岩体的岩性花纹、断层的动向、地层和岩体的代号、化石产地、取样位置等。

（5）写出图名、比例尺、剖面方向、地物名称、绘制图例符号及其说明，如为习惯用的图例，可以省略。

从作图技巧方面来说，应注意以下 3 个"准确"：①地形剖面图要画准确；②标志层和重要地质界线的位置要画准确，如断层位置、煤系地层位置、火成岩体位置等；③岩层产状要画准确，尤其是倾向不能画反，倾角大小要符合实际情况。此外，线条花纹要细致、均匀、美观，字体要工整，各项注记的布局要合理，如图 4.2 所示。

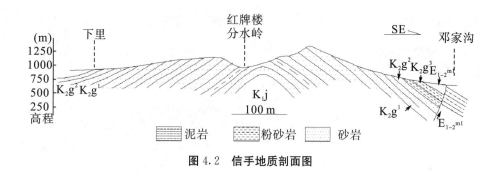

图 4.2　信手地质剖面图

三、作业

（1）绘制"朝松岭地形地质图"（见附图 2）剖面图。

（2）绘制"暮云岭地形地质图"（见附图 3）剖面图。

第二部分　野外实习

通过北川野外工程地质实习，掌握正确使用地质罗盘的方法，了解实习区内岩石类型、地质构造和地形地貌等，识别典型地质构造、地质灾害；通过讲述 2008 年汶川特大地震中体现出的抗震救灾精神，如"万众一心，众志成城""不畏艰险、百折不挠""以人为本、尊重科学"等，体现我国社会主义制度的优越性，激发学生的爱国主义情怀。

1. 实习要求

（1）实习以小组为单位独立开展工作，仔细收集和整理资料。如果提交的报告和图件不符合实际情况，或没有达到指导老师的要求，则实习成绩不合格。

（2）要求每个学生都要进行观察、描述和记录，必须完成一套作业（工程地质平面图、工程地质纵剖面图、工程地质总说明书），作为实习考核的依据，严禁抄袭他人作业，一经发现，抄袭和被抄袭者成绩均记零分。

（3）实习成绩实行百分制，实习报告和图件的质量占 70%，实习纪律占 30%。凡旷课超过一天，或事假超过两天，或严重违反实习纪律者一律不予通过。

2. 实习纪律

（1）严格遵守学校、实习队的规章制度和组织纪律，服从带队老师指挥，服从统一领导，每天必须点名清到。

（2）严格遵守国家和地方政策法令，爱护庄稼，损坏东西照价赔偿。

（3）严禁打架斗殴和酗酒闹事，严禁与当地居民发生冲突。

（4）野外调查工作要保持高度警惕，注意安全，特别警惕路上来往车辆，如出现交通事故，一律由学生自己负责。

（5）违反上述纪律和规定者，视其情节严重，不予通过实习或给予纪律处分。

（6）实习期间的学生管理由带队老师负责。学生往返实习基地，必须由带队老师陪同。

实习5　北川野外土木工程地质实习

一、实习目的和任务

土木工程地质实习是整个土木工程地质课程教学计划中一个非常重要的实践性教学环节。本次野外实习既是一次认识性的实习，又带有生产实习的特点。

1. 实习目的

巩固和运用课堂所学的工程地质理论知识，提高对各种地质现象的感性认识和分析能力，初步掌握土木工程地质勘测工作的基本内容和方法。

2. 实习任务

对实习区比较直观、典型的地质现象进行观察描述和初步分析，对土木工程地质勘测工作的方法和技能进行初步训练。

二、实习内容

1. 观察和描述

（1）观察描述区内岩石类型。

（2）地形、地貌：查明地形、地貌形态的成因和发育特征，以及地形、地貌与岩性、地质因素的关系，划分沿线的地貌单元。

（3）地层层序和地层接触关系：正常层序和倒转层序，整合接触、假整合接触和不整合接触，岩层产状——水平、倾斜、直立。

（4）地质构造：褶皱、断层、节理。

（5）第四纪沉积物（土）：坡积层、残积层、洪积层、冲积层、崩积层、滑坡堆积层。

（6）水文地质：河流地貌类型及其形成过程、泉等。

（7）不良地质：风化作用、滑坡、崩塌、泥石流和地震对建筑物、道路的破坏。

（8）治理工程：滑坡、崩塌、泥石流等地质灾害的工程治理措施。

2. 工作方法与技能

（1）地质锤、罗盘仪、放大镜、地形图的使用。

（2）地质素描图（信手剖面图）的绘制原则、格式、内容。

（3）矿物与岩石的野外识别。

（4）地质构造（褶皱、断层、节理）的观察描述与野外识别。

（5）典型河流地貌类型的野外识别。

（6）地质灾害（滑坡、崩塌、泥石流）的观察描述与野外识别。

三、实习安排

(1) 实习动员。
(2) 踏勘实习区。
(3) 安昌镇—任家坪。
(4) 北川老县城—陈家坝。
(5) 室内整理资料。

四、实习说明

(一) 实习区的自然地理概况

1. 位置与交通

北川羌族自治县位于四川盆地西北部,介于东经 $103°44'\sim104°42'$,北纬 $31°14'\sim32°14'$ 之间。县境东接江油市,南邻安州区,西靠茂县,北抵松潘、平武县。全县辖区面积 3083 km^2,辖 10 镇 13 乡,行政村 311 个,社区 32 个;总人口 23.86 万 (2016年),302 和 105 省道分别从东西和南北穿越勘查区,交通较为便利。其交通位置如图 5.1 所示。

2. 气象

实习区属亚热带湿润季风气候区,四季分明,气候温和,多年平均气温 15.6℃;该区又属著名的鹿头山暴雨区,雨量充沛,年均降雨量 1399.1 mm,年最大降雨量 2340 mm (1967 年),日最大降雨量 101 mm (截至 2007 年),时最大降雨量 32 mm (截至 2007 年);从同一年时间上看,降雨集中在 6—9 月,占全年降雨量的 71%～76%,最大占 90% (1981 年),详见表 5.1。

表 5.1　北川县历年各月平均气温、降雨量统计表

项目 ＼ 月份	1	2	3	4	5	6	7	8	9	10	11	12	全年
气温（℃）	5.3	7.0	11.3	12.9	20.4	21.6	24.4	24.4	20.2	16.0	11.3	6.8	15.6
降雨量（mm）	5.9	11.4	22.8	52.6	97.3	135.3	370.8	350.4	206.6	64.4	18.6	4.1	1399.1

从历年时间上看,各年降雨分布不均;从空间上看,北川羌族自治县具有东南向西北年均降雨量变小的规律,曲山镇降雨量等值线位于 1420～1440 mm 之间,属于强降雨区。2008 年 9 月 23 日开始强降雨,截至 24 日曲山镇总雨量达到 275 mm,该区在24 日凌晨 4—6 点之间雨量总计达到 195 mm。

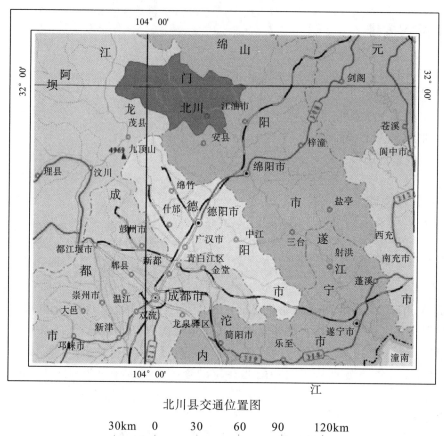

北川县交通位置图

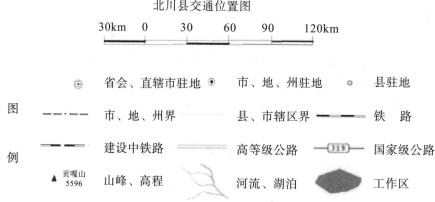

图 5.1 北川交通位置

（图片引自：北川羌族自治县地质灾害补充调查与区划报告，2006）

3. 水文

北川年均降水量 28.76 亿立方米，年均地表径流量 23.26 亿立方米，地下水资源 5.6 亿立方米，容水径流量 18.08 亿立方米，减去重复水流量，年均水资源总量为 25.96 亿立方米。有一江（湔江），五河（白草河、青片河、都坝河、苏宝河、平通河），四大沟（小寨子沟、太白沟、后园沟、白坭沟），如图 5.2 所示。水能资源理论蕴藏量 49 万千瓦，可开发量 34.86 万千瓦；已开发 4.12 万千瓦，仅占可开发量的 12%。河流落差大，但丰、枯季节明显，调节性能差。

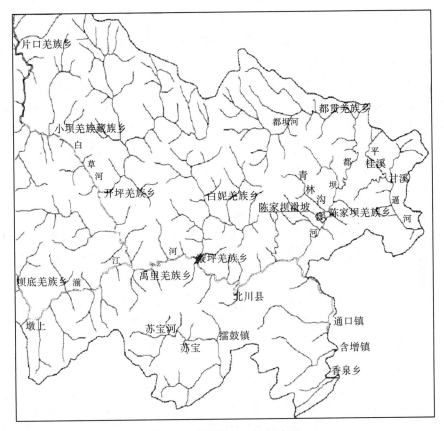

图 5.2　北川羌族自治县水系

（图片引自：北川羌族自治县地质灾害补充调查与区划报告，2006）

湔江是实习区的主干河流，系涪江流域一级支流，流域呈扇形，从实习区的北部边缘穿流而过。湔江于北川县境全长 47.9 km，流域面积 455.80 km²，天然落差为 203 m，平均坡降为 4.2‰。湔江河多年平均径流量 102.7 m³/s，年平均径流总量 32.57 亿立方米。"5·12"地震前，湔江年平均输沙量 400～500 万吨，流域内年平均侵蚀模数达 7072.61 t/km²。

4. 植被

实习区植被呈带状分布，自下而上依次为黄壤和常绿阔叶林、黄棕壤和常绿落叶混交林、暗棕壤和针阔叶混交林、亚高山草甸土和亚高山灌丛草甸、高山草甸土和高山草甸。

（二）实习区的地质概况

1. 地形地貌

北川羌族自治县境内以山地为主，北西部为侵蚀构造高中山地形，中部为侵蚀构造中山地形，南东部主要为溶蚀山原—峡谷和峰丛—洼地等侵蚀溶蚀低中山地形。县城处在侵蚀构造中山的东南边缘，属龙门山前山与后山交界地带，山脉走向大体呈北东—南西向。县境内地形变化大，整体北西高、南东低，相对高差超过 1000 m，沟谷谷坡一般大于 25°，部分达 40°~50°甚至陡立。北川羌族自治县最高山为位于西边界的撮箕塘梁子山，海拔 4036 m，次高山为位于境内南西边界的铧头山，海拔 3997 m。全县地貌类型可分为高中山、中山和低中山三类。

北川老县城区内以山地为主，北西部为构造侵蚀高中山地形，海拔 700~1500 m，吴家山为区内最高山峰，海拔 1765 m，地势整体走向西高东低，由西北向东南倾斜，中部为构造侵蚀中山地形，南东部主要为溶蚀山原—峡谷和峰丛—洼地等侵蚀溶蚀低中山地形。属龙门山前山与后山交界地带，山脉走向大体呈北东—南西向。

实习区内地形变化大，区内峰谷海拔 812~1022 m，相对高差 200~500 m，沟谷谷坡一般大于 25°。

2. 地层岩性

实习区分布有古生界的寒武系、志留系、泥盆系、石炭系的地层及新生界第四系松散堆积层，地层不连续，缺失地层较多。地层岩性见地质概图（图 5.3）和实习区地层岩性表（表 5.2）。

表 5.2　实习区地层岩性表

界	系、统、组	岩性描述
古生界	震旦系上统（Z_b）	岩性为碳酸盐岩及碎屑岩和部分硅质岩。上部为浅灰色白云岩、石灰岩、黑色岩质页岩、硅质岩；中部为白云岩夹炭质页岩、砂岩；底部为灰色白云岩、棕红色粉砂质泥岩、砂质页岩、粉砂岩。厚度 1041~1626m
	寒武系下统清平组（$\in_1 c$）	上部为灰色泥灰岩、泥质灰岩、石灰岩；下部为灰色、暗紫、暗灰绿、深灰色粉砂岩、硅质岩、含磷泥灰岩、磷质灰岩。厚度 482~860 m
	志留系上中统茂县群（s_{mx}）	由于跨越不同的构造部位，其岩性有较大差异。桂溪—曲山镇线，为页岩类薄层砂岩，厚层灰岩，厚度 230 m。该线西北，厚度增大，受区域变质作用影响，有轻度变质，岩性为千枚岩、板岩、石灰岩、砂页岩
	泥盆系（D）	区内主要出露中统、中下统。下统（D_1）为滨海类碎屑岩建造，岩性上部灰黄、灰绿色粉砂岩、细砂岩、石英砂岩、泥页岩夹深灰、灰绿色细砂岩、泥质砂岩、炭质页岩；中统（D_2）为浅海相灰岩、泥质灰岩建造，岩性为灰、深灰色灰岩、砂质灰岩，生物碎屑灰岩、砂页岩及赤铁矿
	石炭系（C）	岩性以浅海相石灰岩为主，夹少量砂页岩。厚度 0~618 m
	二叠系（P）	以浅海相碳酸盐岩建造为主，由两个旋回组成，为钙质页岩、炭质页岩夹煤层、铝土岩等。厚度 355~969 m
中生界	三叠系下统飞仙关组＋铜街子组（$T_1 f+t$）	岩性中上部为紫红色泥页岩、泥质灰岩；下部为紫灰、蓝灰色泥灰岩，紫红色泥、粉砂岩互层，底部为灰—灰白色灰岩。厚度 100~573 m

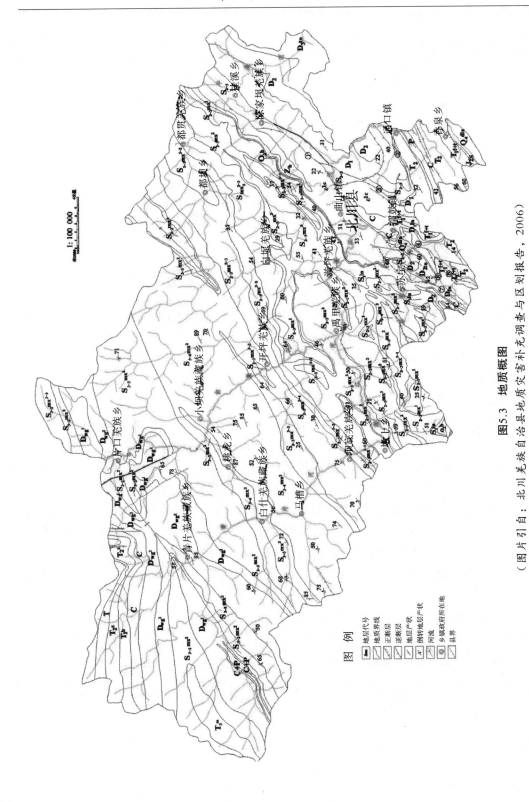

图5.3 地质概略图

（图片引自：北川羌族自治县地质灾害补充调查与区划报告，2006）

界	系、统、组	岩性描述
新生界	第四系中更新统（Q_2^{fgl}）	第四级阶地堆积层一般高出当地河水面 90～120 m，下部砾卵石层厚度 5～120 m，成分以石英砂岩、砂岩为主，次为脉石英、硅质岩组成，分选性差，磨圆度中等，砂黏物质充填其间；上部棕黄色黏土层含钙质结核，厚度 5～10 m；第三级阶地堆积层一般高出当地河水面 20～90 m，由砾卵石及黏土组成，偶夹薄层细砂，局部为铁钙质胶结，厚度 13～25 m
	第四系上更新统（Q_3^{al} 及 Q_3^{al+pl}）	二级阶地堆积层，相当于"江北砾石层"，由含黏土砾卵石及黏土层组成，下部常夹钙质胶结砾石层，厚度 6～60 m
	第四系全新统（Q_4^{al}、Q_4^{al+pl} 及 Q_4^{el+dl}）	冲积（Q_4^{al}）、冲洪积（Q_4^{al+pl}）由松散砂砾卵石及粉质砂土组成，厚度 5～20 m；残坡积层（Q_4^{el+dl}）广泛分布于山坡、沟谷高山平缓地带，主要由黏质砂土、不规则的碎块石土构成，厚薄分布不均，厚度 0～10 m

3. 地质构造

北川羌族自治县境内地质构造以北东走向为主，受构造走向控制，岩层走向也以北东走向为主。老县城曲山镇则处在前龙门山褶皱带与后龙门山褶皱带的界线上。龙门山地槽是一个跨旋回的地槽，早在元古代就形成地槽区，自震旦纪地槽又重新开始发展，跨越了阿森特、加里东、华力西、印支 4 个旋回，印支运动褶断成山，燕山运动又受褶断，形成现在的构造景观。后龙门山褶皱带是早古生代沉降的中心，印支运动使地层发生变质和塑性变形，受强烈挤压，形成北东向褶皱带。前龙门山褶皱带是晚古生代（包括三叠纪）沉降中心，尤其在泥盆纪至石炭纪下陷最强烈，印支运动和燕山运动使地层发生全形褶皱和剧烈的断裂，形成众多的叠瓦式断裂。

北川断层就在前龙门山褶皱带与后龙门山褶皱带的分界线线上（图 5.4）。该断层是一条现今仍在活动的逆冲断层，断层倾向北西，倾角 60°～70°，为寒武系的砂岩逆冲于志留系、泥盆系乃至石炭系之上，切割深度较大，垂直断距千米以上，沿断裂线分布着串珠状的上升泉。北川断裂带北西、西侧大面积出露寒武系砂岩，其风化强烈，岩石破碎，多以残坡积碎块石土出露在大于 25°斜坡上，为泥石流、滑坡等地质灾害的形成奠定了物质基础。

在新第三纪前工作区地貌格架已经形成。新第三纪之后，由于内外营力的作用，特别是内营力—新构造运动控制，导致区内地貌在垂向上和水平方向上发生明显差异，新构造运动主要表现为间歇性抬升，切割普遍较剧，造成今日纷繁的地貌形态。

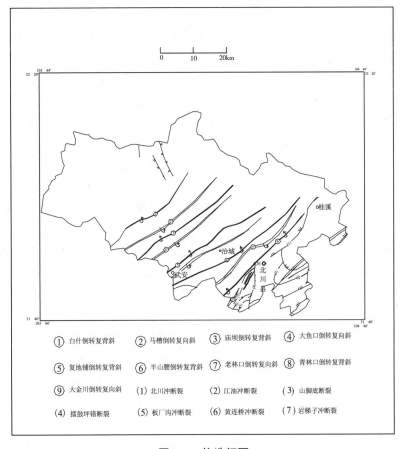

① 白什倒转复背斜　② 马槽倒转复向斜　③ 庙坝倒转复背斜　④ 大鱼口倒转复向斜

⑤ 复地铺倒转复背斜　⑥ 半山腰倒转复背斜　⑦ 老林口倒转复向斜　⑧ 青林口倒转复背斜

⑨ 大金川倒转复向斜　(1) 北川冲断裂　(2) 江油冲断裂　(3) 山脚底断裂

(4) 擂鼓坪错断裂　(5) 板厂沟冲断裂　(6) 黄连桥冲断裂　(7) 岩梯子冲断裂

图 5.4　构造纲要

4. 新构造活动及地震

区内新构造运动主要是由印度板块向亚洲板块俯冲，造成青藏高原快速隆起，同时，高原物质向东缓慢流动，在高原东缘地区向东挤压，这种挤压受到四川盆地之下刚性地块的顽强阻挡，经过长期的构造应力能量的累积，最终在龙门山脉北川—映秀地区突然释放，引发了"5·12"特大地震灾害。

"5·12"地震导致北川县县域内产生大面积山体滑坡、崩塌以及山体地表裂缝。区内受地震波及，部分山体斜坡也出现了滑坡和潜在不稳定斜坡分布，场地区斜坡房屋普遍受地震或滑坡活动影响出现房屋破坏、道路损毁等情况。

实习区地处四川盆地西北部向川西高原过渡地带。据 2008 年 6 月 11 日实施的《中国地震动参数区划图》（GB 118306—2001）国家标准第 1 号修改单及附件 2−1 及 2−2，场地地震烈度为Ⅷ度，地震动峰值加速度为 0.20g，地震动反应谱特征周期为 0.40 s。最近一次地震是 2008 年 5 月 12 日发生的 8.0 级特大地震。

（三）野外工作方法及技能

1. 地质界线的勾绘

在地质点观察和线路地质观察中，勾绘地质界线是十分重要的工作，应注意以下几点：

（1）勾绘地质界线时，应充分注意各地质体的地形、地貌、植被、土壤色调的不同，用以判定界线的位置和延伸情况，并时刻注意"V"字形法则的应用。

（2）勾绘地质界线时，应注意分析地层层序是否正常，构造是否合理，在有断层切割的地段更要注意断层性质和构造恢复是否符合地质原理。

（3）地质界线相交、相切时，要特别注意它们的相互关系和交切的实地位置。

2．地质记录格式及描述的内容

野外地质记录一律用铅笔（HB/2B）记录在野外记录簿的横格页上，记录要详细、具体，要客观真实地反映实际的地质现象。同时也可以记录自己对地质现象的分析和判断，但必须注明，以便与实地观察资料相区别。如果发现记录有误，不可擦掉，不得撕毁，只能批注。

记录簿横格页的右侧可以划出约2 cm宽的区域，用以做记录的补充或批注，文字记录中的观察点再空2~3行，不同路线的记录应另起一页。记录应清晰、美观、文字工整、语句通顺、图文并茂。地质记录格式见表5.3（以横格页的内容要求为例）。

表5.3　地质记录格式

日期：　　　　地点：　　　　　　气候：　　　温度：	
路线X：	室内修改补充：
点号：　　　点位：　　　　　点性：	
描述：	
路线小结：	

说明：

（1）抬头：按照野外实际观察的日期和天气情况如实填写，地点一项要填写当日工作区所属行政区划及具体地名，要精确到村组。

（2）路线X：填写路线顺序号及路线由何处开始，经何处，到何处结束。最好写地形图上已标出的地名，以便于查找，如路线1：麻柳湾—任家坪。

（3）点号：按野外定点顺序连续编号，冠以No，置于横格页中央。

（4）点位：观察点的实际位置在地形图上标定后，与线路中线取得联系并以居民点、山峰等来说明点的实际位置。如＿＿＿＿村（或高地）NE35°60 m处小路东侧。观察点的位置应在工作用图上用1 mm的圆圈标出，并在其右侧注明点号，但省略No。

（5）点性：说明本点主要观察内容的性质，如地层分界点、构造点、地貌观察点、不良地质观察点等。

（6）描述：根据本点主要观察内容进行详细描述。

地层：岩性组合、生物化石、地层产状、接触关系、地层时代、出露状况、估计厚度。产状的记录形式采用0°~360°方位角方式，只记录倾向及倾角，如10°∠30°表示岩层倾向10°，倾角30°。

构造：褶皱要记录背斜（向斜）两翼和核部岩层产状及地质时代、转折端的形态特点、枢纽走向、倾伏方向、断层面产状、地层是否连续、产状是否连续、有无构造破碎带的存在、有无断层引起的各种伴生构造、有无断层崖、有无断层三角面等。

节理：要描述节理的成因、产状、密度、张开度、粗糙度、延伸长度、排列形式、力学性质、含水情况、充填物成分和厚度等。

岩石：描述岩石的颜色、成分、结构、构造、名称等。

地貌及第四系：主要描述地貌特征，第四系物质成分、成因、特征等。

水文点：颜色、透明度、温度、气味、流速、流量、动态变化、补给排泄方式、腐蚀性等。

（7）路线地质：该点工作结束后随即向预定路线方向前进，要说明由该点什么方向前进，在前进过程中进行不间断的地质观察，记录发生变化的地质特性、沉积构造、地层产状及化石等。

（8）路线小结：一条完整的路线观察结束后，要简明扼要地小结本路线的主要成果、存在的问题及进一步工作的打算等。

3. 地质素描图的绘制

野外地质素描要用铅笔（H 或 B）绘制，作图时应按照客观实际如实绘制，绘制时，要用简洁明快的线条，突出地质内容，地质素描一般不绘制地质花纹，但有时为了强调岩性差异、地层接触关系或断层的错动等，可适当绘制岩性花纹。素描图绘好后，要标注图号、图名、线段比例尺（约估）、方向、简单图例、主要地名、地层代号及作图日期等，如图 5.5 和图 5.6 所示。

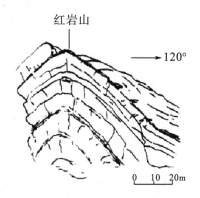

图 5.5 红岩山背斜素描

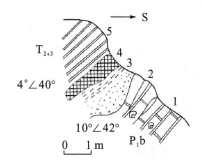

图 5.6 不整合素描

1—大理岩；2—含海百合茎的大理岩；
3—古喀斯特凹斗堆积；4—铁帽；5—黑色板岩

4. 路线地质剖面图

在进行路线地质观察时，应绘制路线地质剖面图。剖面图的主要内容包括：地形剖面线、岩性花纹、地层代号、产状、接触关系、断层位置及性质等。作图步骤：确定比例尺→绘制地形剖面线→填绘地质内容→图面整饰等。图 5.7 为龙山—方台信手地质剖面图。

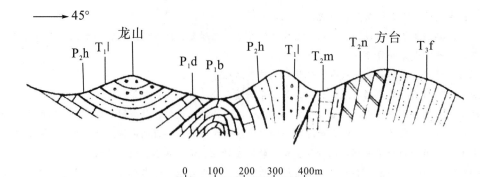

图 5.7　龙山—方台信手地质剖面

T_3f—方台组粉砂岩；T_2n—南名组白云岩；T_2m—麦田组泥质灰岩；T_1l—龙山组砾岩；P_2h—洪坪组砂岩；P_1d—大石组灰岩；P_1b—白水沟组泥灰岩

五、室内整理资料

野外测绘、调查资料必须及时整理，以便及时发现问题，及时解决，保证填图质量。

1. 当日整理

每天收集的资料必须当日整理，整理内容包括以下几个方面：

（1）核对野外地质记录、素描图、工作手图的记载和表示的地质内容是否吻合一致，并据实物等进行校正或补充。

（2）野外记录本上的地质素描图、信手地质剖面图和工作手图上的地质点、产状、点间地质界线及重要样品，如化石等采集点都应及时标注整理。

（3）样品整理：样品涂漆、登记、填写标签等。

（4）编写路线小结：简述路线地质调查的主要成果、新发现及新认识，以及存在的地质问题及解决的方法步骤，并做好次日工作的预测和准备。

2. 阶段整理

一般完成某一区域的工作或某个重大地质点的工作后进行一次，针对所收集的资料全面进行清查、整理研究，编写阶段性地质调查小结，并制订下一阶段的工作计划和工作重点。

六、文件编制

野外地质工作全部结束后，应将所得到的各种地质、水文等资料以及收集到的前人工作成果进行全面系统的整理、分析和研究，并将这些资料编写成能阐明工程地质特征的工程地质说明书及相应图件。

(一) 工程地质总说明书

1. 概况

包括线路概况、任务依据和要求、工作概况（工作时间、工作方法、参与人员及分工、完成的主要工作量）等。

2. 自然概况

位置及沿线的交通条件、气象水文特征、经济状况、地形地貌特征、山脉水系特征等。

3. 工程地质条件

地层、岩性、构造、水文地质（河、泉、井）、地震动参数（根据《中国地震动参数区划表》，实习区域地震动峰值加速度为 $0.2g$）、不良地质和特殊岩土（分布、性质、规模以及对道路工程的影响）。

4. 工程地质评价

对各种类型的道路建筑物，如路基、桥涵、隧道、站场、房建等，分别说明其工程地质与水文地质条件，有无不良地质、特殊岩土及其处理原则及措施，道路修建可能引起的环境地质问题及防治措施等。

5. 存在的问题及对下一步工作的意见

包括需要进一步查清的问题及对下一阶段工作量的估计，工作重点、注意事项或施工运营期间应注意的问题等。

(二) 详细工程地质平面图

为满足选线及建筑物设计的要求，一般利用线路平面图填绘，比例尺为 1：5000 或 1：2000。填图内容及要求如下：

(1) 岩层分界线采用点线，点直径一般为 0.7 mm，点间距为 1.5～2.0 mm；每个地层线范围内均应填绘地层图例符号，地层单元一般划分到"统"这一级。

(2) 第四系地层图例符号右上角注明成因，如 Q_4^{al}。

(3) 地层小柱状图一般采用高 15 mm，宽 10 mm。每一地层界线范围内及重点工程附近均应有代表性小柱状图。

(4) 地质构造，如褶曲、断层、节理、岩层及片理产状。

(5) 地下水的露头点，如泉、井等。

(6) 地震动峰值加速度分界线及地震动峰值加速度值。

(7) 各种不良地质按其类型绘制在图上相应位置，如范围较大或成群分布时，可用不良地质界线圈绘，范围内填绘不良地质类型符号。

(8) 工程地质图图例一般按照地层时代、第四系成因类型、地层岩性、地质构造、不良地质、特殊地质、地质界线、勘测点等顺序排列，地层从新到老排列，岩浆岩按新老排列在地层岩性的后面，第四系地层从细到粗排列。

(9) 当工程地质图上遇到几种地质界线重合时，一般按照下列顺序填绘其中一种界线：地质构造线、不良地质界线、岩层分界线。

图 5.8 为详细工程地质平面图。

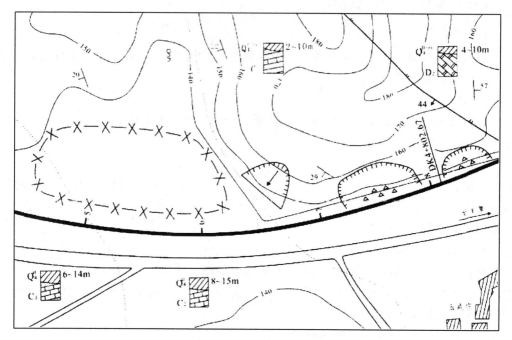

图 5.8 详细工程地质平面（图例见附录 2）

（三）详细工程地质纵断面图

详细工程地质纵断面图比例尺一般和平面图比例尺相同，横向比例尺和竖向比例尺可以不同，纵剖面方向一般标写在图左上角。编图内容及要求如下：

（1）地层及其分界线（推断者用虚线表示）。地层绘花纹图例，第四系以前地层的产状应按换算视倾角绘制。

（2）地质构造，如断层、褶曲、层理、片理及主要节理，应换算成视倾角绘制到相应位置。

（3）不良地质现象，如人工洞穴、溶洞等。

（4）工程地质图例。

图 5.9 为详细工程地质纵断面图。

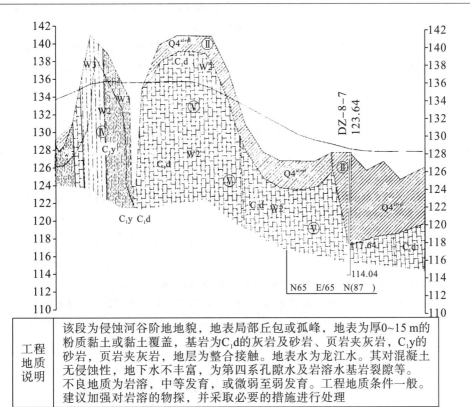

工程地质说明	该段为侵蚀河谷阶地地貌，地表局部丘包或孤峰，地表为厚0~15 m的粉质黏土或黏土覆盖，基岩为C_1d的灰岩及砂岩、页岩夹灰岩，C_1y的砂岩，页岩夹灰岩，地层为整合接触。地表水为龙江水。其对混凝土无侵蚀性，地下水不丰富，为第四系孔隙水及岩溶水基岩裂隙等。不良地质为岩溶，中等发育，或微弱至弱发育。工程地质条件一般。建议加强对岩溶的物探，并采取必要的措施进行处理

图5.9　详细工程地质纵断面（图例见附录2）

（四）各类典型不良地质工程地质说明书

（1）滑坡勘察的工程地质说明书应包括以下内容：

①滑坡的发生、发展历史及人类活动对其的影响。

②地形地貌：包括滑动面、滑坡周界、后壁、台阶、裂缝等。

③气象水文：收集降水、气温资料。

④地层岩性：注意滑动面（带）的物质组成和物理力学性质。

⑤地质构造：重点是各类岩体结构面［断层、层理、节理、（不）整合接触面］的产状性质及特征，尤其应注意对软弱结构面进行认真分析。

⑥水文地质：包括沟系、泉、含水层特征，地表水和地下水对滑坡的影响。

⑦形成原因：结合各类工程地质条件和人类相关活动分析滑坡产生的原因。

⑧工程措施：结合教材中讲述的滑坡防治措施，提出该滑坡的整治方法。

（2）崩塌勘察的工程地质说明书应包括以下内容：

①崩塌的发生、发展历史及人类活动对其的影响。

②地形地貌：山坡特征、崩塌范围、数量、岩块直径和崩塌体堆积特征。

③气象水文：收集降水、气温资料。

④地层岩性：注意软弱层的分布、性质。

⑤地质构造：褶皱、断层、节理、劈理等的性质、产状、组合情况、发育程度。

⑥水文地质：地下水分布、类型、对崩塌的影响。

⑦形成原因：结合各类工程地质条件和人类相关活动分析崩塌产生的原因。

⑧工程措施：结合教材中讲述的崩塌的防治措施，提出该崩塌的整治方法。

（3）泥石流勘察的工程地质说明书应包括以下内容：

①泥石流的发生、发展历史及人类活动对其的影响。

②地形地貌：包括泥石流流域面积、主沟长度、沟床比降、流域高差、沟谷坡度、流域特征等。

③气象水文：收集降水、气温资料，尤其是主河水文特征。

④地层岩性：包括流域内分布的地层及其岩性，尤其是易形成松散固体物质的第四系地层和软弱岩层的分布与性质。

⑤地质构造：流域内断层的展布与性质、断层破碎带的性质与宽度、褶曲的分布及岩层产状等。

⑥水文地质：地下水尤其是第四系潜水及其出露情况。

⑦形成原因：结合各类工程地质条件和人类相关活动，分析泥石流发生的原因。

⑧工程措施：结合教材中讲述的泥石流防治措施，提出该泥石流的整治方法。

[参考工程实例]

九寨沟县勿角乡蒲南村蒲南河坝寨子背后滑坡

（一）滑坡简介

蒲南河坝寨子背后滑坡位于九寨沟县勿角乡蒲南村蒲南河坝寨子背后，位于汤珠河一级支流右岸，地理坐标东经 $104°13'6''$，北纬 $32°58'41''$，有乡村道路从滑脚通过。滑坡主滑方向 $155°$，滑坡东西横向宽度约 110 m，南北纵向长度为 $50\sim70$ m，滑坡平面面积为 0.77×10^4 m²，厚度为 $0\sim15$ m，总体积为 11.5×10^4 m³，为一土质中型牵引式滑坡。

（二）滑坡边界及形态特征

地形总体上北西高南东低。滑坡位于高中山前缘，平面形态呈马蹄形。滑坡前缘为公路，前缘高程为 $2120\sim2115$ m，滑坡后缘不明显，植被覆盖较好，变形迹象不明显，滑坡左右两侧边界均以冲沟为界，冲沟未见基岩出露。

（三）滑坡物质组成及结构特征

1. 滑体特征

滑体物质主要为第四系碎石土（Q_4^{del}），滑体厚度 $0\sim15$ m，岩性为碎石土，灰黄色，稍湿，较硬，松散至稍密，块碎石含量为 45%，粉质黏土含量为 55%。

2. 滑面（带）特征

根据地面调查，滑坡未见有明显的滑面（软弱面），滑坡变形主要是因为滑坡前缘临空高陡，遭降水入渗使土体饱和，加之来回车辆震动的条件下临空面失去支撑，产生的层内错动及表面滑塌，推测滑带土物质为粉质黏土夹角砾。

3. 滑床特征

滑坡为第四系堆积层内产生的层内错动，滑坡的控滑结构面为粉质黏土夹角砾与碎块石土的接触面，滑体主要沿粉质黏土与碎块石的接触带滑动。滑床主要为碎块石土，碎块石的成分为板岩、砂板岩等，碎块石含量占 30% 左右。根据滑坡结构特征分析，滑床面呈弧形，坡度较陡，坡度 20°～50°，埋深 1～15 m，在前后缘滑床埋深较浅，中部滑床埋藏相对较深。

（四）滑坡变形特征

通过调查访问了解到该滑坡变形历史较长，至少有 30 年的时间，滑坡变形主要集中在平台前缘陡坡附近。滑坡变形主要表现为滑坡前缘临空面附近，局部下挫，滑坡区内民房、院坝多处开裂变形等。

从目前变形范围可以将滑坡分为两个区，即强变形区和影响区。其中，强变形区主要是指明显发现有变形迹象的区域，沿前缘陡坡分布，长约 110 m，影响区位于该滑坡区内中后部，宽度达 110 m，长度达 70 m，平面面积为 0.77×10^4 m²；影响区主要是指受强变形区影响，可能进一步滑动牵动的区域，平面面积为 0.5×10^4 m²。

（五）滑坡成因机制分析

该滑坡为老滑坡，前缘受水流冲刷形成高陡边坡，高差达 17 m 左右，临空条件较好，为滑坡的发育提供了有利的地形条件。坡体在降雨的作用下，雨水入渗增加了土体重度，降低了其抗剪强度，使滑坡前缘坡脚失去土体支撑，进而牵引后方土体发生变形，产生牵引式滑坡变形。

1. 地形地貌

滑坡前缘紧邻公路，前缘形成高陡临空面，最大高差达 17 m 左右，坡度最大可达 65°～70°，形成高陡临空面，破坏了坡体原有的平衡条件，为滑坡从坡脚剪出创造了条件。

2. 地层因素

滑坡滑体为第四系坡积物，以粉质黏土夹碎石土为主，表层土体结构松散，透水性强，有利于降雨的入渗，增加坡体自重，土体软化，其抗剪强度降低，整体稳定性降低，可能发生冲前缘见剪出口剪出或在中上部发生表层溜滑等变形，因此，降雨的入渗也促进了滑带的形成。

3. 地震因素

地震震动作用，使坡体受到震动影响，降低了坡体的稳定性，整体结构变得更加松散，更易于降雨的入渗。

4. 降雨

降雨对滑坡的影响较大，降雨时，地表水沿坡体表面径流，对斜坡形成冲刷，同时地表水沿裂缝下渗软化了土体，形成滑坡潜在的不稳定因素，降雨时前缘冲沟内水流增加，其冲水掏蚀能力加强，冲刷导致前缘土体失去支撑，进而诱发滑坡的形成。

（六）滑坡稳定性计算及发展趋势预测

1. 稳定性计算分析

1）计算方法及模型

根据前述滑坡变形破坏模式分析，滑坡的滑面形态呈折线形，根据《滑坡防治工程勘查规范》（DZ/T 0218—2006）的相关要求，并结合该滑坡灾害的特点，采用传递系数法进行稳定性计算。计算公式如下：

$$K_f = \frac{\sum_{i=1}^{n-1}\{[W_i(1-r_u)\cos\alpha_i]\tan\varphi_i + C_iL_i\prod_{j=i}^{n-1}\psi_j\} + R_n}{\sum_{i=1}^{n-1}[W_i(\sin\alpha_i + A\cos\alpha_i)\prod_{j=i}^{n-1}\psi_j] + T_n}$$

其中

$$R_n = \{W_n[(1-r_u)\cos\alpha_n - A\sin\alpha_n] - R_{Dn}\}\tan\varphi_n C_n L_n$$

$$T_n = W_n(\sin\alpha_n + A\cos\alpha_n) + T_{Dn}$$

$$\prod_{j=i}^{n-1}\psi_j = \psi_i\psi_{i+1}\cdots\psi_{n-1}$$

式中　　ψ_j——第 i 块段的剩余下滑力传递至第 $i+1$ 块段时的传递系数（$j=i$），其计算公式为

$$\psi_j = \cos(\alpha_i - \alpha_{i+1}) - \sin(\alpha_i - \alpha_{i+1})\tan\varphi_{i+1}$$

　　　　W_i——第 i 条块重力（kN/m）；

　　　　C_i——第 i 条块内聚力（kPa）；

　　　　Φ_i——第 i 条块内摩擦角（°）；

　　　　L_i——第 i 条块滑带长度（m）；

　　　　α_i——第 i 条块滑带倾角（°）；

　　　　β_i——第 i 条块地下水线与滑带的夹角（°）；

　　　　A——地震加速度；

　　　　K_f——稳定系数。

2）计算工况

滑坡变形主要受降雨影响，降雨时雨水入渗坡体，将使坡体部分饱水，增加自重及降低土体抗剪强度等，故需考虑滑体部分饱水情况下的稳定系数。而勘查区可能受到地震的影响，故需考虑地震情况下的稳定系数。因此，计算工况应考虑以下 3 种：

工况 1：自重。

工况 2：自重+暴雨或持续降雨。

工况 3：自重+地震。

3）参数选取

（1）滑体重度的确定。

依据经验资料，结合滑体土的平均土石比确定计算时采用的滑体土重度值为：天然重度：20.4 kN/m³；饱和重度：21.2 kN/m³。

（2）滑带土 C、φ 值确定。

滑带土 C、φ 值根据类比相邻项目取值综合分析确定。

滑坡滑体为黏土夹碎石土，根据当地滑坡治理经验参数作为类比，该类滑坡滑带土饱和残余强度为：$C=14.5$ kPa，$\varphi=21°$。

4）稳定性计算分析

据计算结果，在天然状态（自重）下（工况 1），滑坡稳定性系数为 1.05，稳定系数介于 1.05～1.15，滑坡处于基本稳定状态；在暴雨条件（自重+暴雨或连续降雨）下

（工况 2），滑坡稳定性系数为 0.94，滑坡稳定系数小于 1.0，滑坡处于不稳定状态；在地震条件（自重＋地震）下（工况 3），滑坡稳定性系数为 0.95，稳定系数小于 1.0，滑坡处于不稳定状态，见表 5.4。

表 5.4　剖面稳定性系数及推力计算表

滑坡名称	项目	工况 1	工况 2	工况 3
蒲南河坝寨子背后滑坡	安全系数	1.15	1.05	1.05
	稳定系数	1.05	0.94	0.95
	剩余推力（kN/m）	274	645	576

综上可知，滑坡在天然（自重）工况下处于基本稳定状态，但在暴雨、连续降雨情况下存在从坡脚剪出的可能；滑坡在暴雨等情况下处于不稳定状态，在地震工况下滑坡处于不稳定状态，可能发生沿临空面滑塌、下挫等现象。

2. 发展趋势预测

蒲南河坝寨子背后滑坡变形最早出现在 30 年前，变形加剧在最近几年表现得较为明显，主要体现在 2012 年 8 月及 2014 年 8 月。这是由于最近几年九寨沟县经常出现强降雨天气，几乎每年雨季均会出现几次强降雨，而降雨是蒲南河坝寨子背后滑坡加剧变形的主要原因之一，滑坡表层土体受降雨作用影响自重增加及力学性质降低，最终导致滑坡变形加剧，甚至将出现整体失稳滑动的可能。

（七）滑坡危害

从滑坡的结构特征、变形破坏特征等因素综合判定其危害范围为：该滑坡危险区前部包括公路延伸至村子 30～40 m，两侧到斜坡冲沟，面积约 0.67×10⁴ m²，主要危险对象有蒲南村 32 户 123 人，公路 110 m，耕地约 18 亩，危险财产约 300 万元。

（八）防治措施建议

滑坡规模较大，前缘高陡临空，采用工程治理可有效防治，具体的防治措施为：拆除已有挡土墙，对前缘临空面进行削坡处理，在前缘修建桩板墙进行治理，抗滑桩截面采用 1.5 m×2.0 m，桩间距采用 6.0 m，地面以上 8.0 m 再伸出 1.0 m 作为桩间板用于拦挡坡面上零星的掉块和滚石。

[参考工程实例]

九寨沟县玉瓦乡四道城村政府及中心校后山崩塌

（一）地理位置

九寨沟县玉瓦乡四道城村政府及中心校后山崩塌，位于玉瓦乡四道城村政府及中心校后山，地处黑河左岸岸坡中下部。该崩塌体距离九寨沟县城 70 km，若九公路自坡脚穿过，交通较为便利。其地理坐标为：东经 103°53′25″，北纬 33°34′39″。

（二）崩塌基本特征

1. 崩塌体空间分布及形态特征

经现场调查，崩塌危岩带平面形态呈不规则三角形，坡向约 220°，坡度 40°～60°，长约 10 m，平均宽度约 50 m，面积约 500 m²，危岩带方量约为 0.15×10⁴ m³。

危岩带崩塌体岩性为三叠系中统杂谷脑组（T₂z）砂质板岩，灰色，厚层状，岩体顺陡坡卸荷松动较严重，卸荷深度为 1～3 m，强风化，岩层产状 92°∠73°。危岩体节理裂隙发育，局部破碎—较破碎，呈镶嵌碎裂状—碎裂状，少数呈极破碎状，易发生掉块或剥落，形成多个小岩腔。

3. 崩塌体变形破坏特征

该危岩带自 2008 年 "5·12" 地震以来，崩塌发生较为频繁，多次产生落石。通过现场调查，在降雨、风化和长期临空等不利因素的影响下，该区域危岩体风化剥落，造成崩塌，崩塌体大量堆积于坡脚处；崩滑区较破碎，危岩带上部分危岩体已发生崩落，时有小面积崩滑、掉块现象发生。

（三）崩塌形成机制

1. 地形地貌

该区域属于中山区峡谷地貌，危岩带区整体坡度 60°～65°，前后缘高差约 60 m，具备较陡的良好临空面。危岩体在卸荷及其他动力作用下，易沿临空面或自然休止角产生溜滑或崩滑等。

2. 地层岩性

该崩塌区出露的基岩岩性主要为三叠系中统杂谷脑组（T₂z）砂质板岩，灰色，厚层状，岩体顺陡坡卸荷松动较严重，卸荷厚度为 2～3 m，强风化，岩层产状 92°∠73°。受主控裂隙影响，稳定性较差，在内外因素影响下，易形成崩塌等。

3. 地质构造

崩塌地处四川省西部地槽区岷山山脉北段的复背斜上，属新构造运动强烈区，地质构造复杂，区内构造以断裂、褶皱为主。岩层褶曲强烈，岩层破碎，构造裂隙发育，结构面与坡面的组合不利于坡体的稳定，常形成危岩或破碎危岩块体。

4. 风化作用

风化作用使岩体完整性和物理力学性质变差，同时加大了原有裂隙扩展，加速了危岩的形成和局部崩塌的产生。

（四）崩塌稳定性影响因素

1. 降雨作用

降雨（特别是连续降雨和暴雨）是崩塌主要促发因素之一。①降雨入渗裂隙的空隙水压力导致岩体失稳；②降雨降低了潜在不稳定岩层与稳定岩层之间的抗剪强度；③降雨软化岩层软弱层，加剧潜在不稳定岩体变形破坏。

目前该崩塌危岩体裂隙发育良好，在降雨作用下，雨水易下渗岩体，使岩体泡水自重增加、孔隙水压力增加，岩体内结构面抗剪强度降低，结构稳定性减小，极有可能产生崩塌。

2. 地震

受地质构造条件影响，县内及邻近区域地震活动频繁，历史上发生多次强烈地震。如 1976 年 8 月 16 日晚 10 时，与松潘、平武交界的勿角、马家发生 7.2 级地震；2008 年 5 月 12 日，汶川县映秀镇发生 8.0 级特大地震，震中距九寨沟县 250 km，受地震影响，九寨沟地质环境遭到不同程度破坏。地震对危岩主要有两种影响：一种是震中区危岩受到垂直地震力的影响，使危岩更加破碎和发生崩塌；另一种是指向坡外的水平地震力易使危岩失稳。"5·12"特大地震的发生，产生极大的地震力，使原本处于临界状态的岩体发生变形甚至破坏。

据全国地震区划图编制委员会编制的《中国地震动参数区划图》（GB 18306—2001）国家标准第 1 号修改单，区域地震动反应谱特征周期为 0.45 s，地震动峰值加速度为 0.20g，地震基本烈度为 Ⅷ 度。

3. 其他因素

风化作用、植物的根劈作用以及工作区人类工程活动破坏了坡体结构，加剧了斜坡的变形破坏。

（五）崩塌危害

1. 崩塌体灾情

该危岩带自 2008 年地震以来，崩塌发生较为频繁，产生的落石多次滚落至房屋背后。通过现场调查，在降雨、风化和长期临空等不利因素的影响下，该区域危岩体风化剥落，造成崩塌，崩塌体大量堆积于坡脚处，部分崩塌体已滚落至拦石墙外。崩滑区较破碎，危岩带上部分危岩体已发生崩落，时有小面积崩滑、掉块现象发生。但该崩塌体暂未造成人员伤亡及财产损失，灾情等级为小型。

2. 崩塌体险情

经现场宏观调查判定，该灾害点目前时有岩块坠落，处于基本稳定—欠稳定状态，但在降雨或暴雨条件下，仍将崩塌，处于不稳定状态。结合灾害点周边建筑群分布特征，该区域的再次崩塌将威胁到九寨沟县玉瓦乡四道城村政府及中心校后山在校师生200 余人的生命财产安全，威胁财产约 300 万元。险情等级为中型。

（六）防治措施建议

该崩塌现阶段状态为不稳定，在不利工况下可能发生崩塌灾害，因此在工程治理之前建议做好监测预警工作。主要监测手段为定期巡视，雨季加强监测，一旦发现斜坡体出现变形破坏迹象，及时通过敲锣、鸣哨、呼喊等方式通知在校师生，撤离危险区。撤离路线为沿坡脚公路向坡体两侧撤离至安全地带。

该崩塌隐患点已修建被动防护网工程，根据现场地形条件、灾害点发育分布特点，结合保护对象，建议对该崩塌体修建挡石墙工程治理。

对危岩带上的被动防护网工程进行维护，并在已有防护网工程下方修建挡石墙工程，拦截可能发生的滚石崩落。

[参考工程实例]

九寨沟县双河乡黄阳村大沟泥石流

（一）概况

九寨沟县双河乡黄阳村大沟泥石流位于九寨沟县双河乡黄阳村，距离县城 8 km，为汤珠河右岸一级支沟。沟口地理坐标为：东经 104°14′17″，北纬 33°6′57″。

该泥石流流域地貌形态上属于构造侵蚀的高中山地貌，地势西高东低，形态上呈不规则桃叶形，流域面积约 8.58 km²，主沟长约 4.63 km。沟域内植被发育较好，约为55%，沟道中游发育一条支沟，黄阳村大沟为季节性沟谷。区域内最高点为山脊，海拔为 2560 m，最低点为主沟与汤珠河交汇口处，海拔为 1430 m，相对高差 1030 m，沟道呈上陡下缓状，沟道狭窄宽度 5~20 m。

（二）泥石流流域分区特征

该泥石流形成流通区、堆积区划分明显，呈现出典型沟谷型泥石流沟的地形地貌特征。形成区山高坡陡，高差变化大，地形狭窄，形态呈"V"形，滑坡灾害发育；流通区沟道形态呈"V"形，平均沟床纵比降 260‰；下部沟口扇形地平均沟床纵比降约70‰，堆积物以碎块石为主，少量块石粒径达 0.5~1.0 m，淤积长度约 200 m，厚度0.5~2.2 m。

1. 清水区冲淤特征

该区位于沟道中上游至分水岭区（不含支沟下游段），呈面状分布。该段沟道三叠系板岩出露，岩体表层中—强风化，风化厚度 0.5~1 m。该区内崩塌、滑坡等地质灾害不发育，提供泥石流的松散物源仅为表层强风化板岩碎屑，但因该区内植被覆盖率大于50%，多为草丛，良好的植被覆盖率对强风化的板岩有一定的固定作用，仅部分被冲至坡脚阶地堆积。该部分固体物质不直接参与泥石流的松散物源，经调查，区内汇流至沟边的水流几乎为清水。

该段山坡坡度为 35°~50°，坡体纵剖面上形成下陡上缓的谷坡（凸形坡）。斜坡岩性为强风化板岩，其变形破坏不强烈，基本无崩塌、滑坡，坡面以雨水冲刷及面状侵蚀为主。由于沟岸斜坡较陡，植被盖度好，坡面汇流浅，洪水沿坡面向下流动，势能高，但动能不大，且补给固体物源少，洪水携带的泥砂碎石量较低，故不会形成泥石流，仅为含沙水流。

2. 形成区特征

该区分布于沟道中上游山体、沟道坡脚带、沟道支沟沟口带，除沟道中上游山体区呈面状外，其余均呈条带状展布。

汇集的洪水到达本区后，产生强烈冲刷、侧蚀，岸坡易变形、失稳、坍塌，山体局部产生滑移，沿途汇入大量松散固体物质，并形成泥石流流体，再向下运移，洪水流量不断增大，流速加快，重度值增高，以更大势能和流速将斜坡重力堆积物、沟床松散物一起输送到下游，进入流通段沟道，形成泥石流。

3. 流通区冲淤特征

流通区主要分布在沟道中游下段及下游上段，该段主沟道逐渐变缓、变宽，且陡缓相间。其冲淤特征视不同沟段的差异而表现出不同的特点。另外，因降雨量及其分布的不同、沟道内洪水（或泥石流）流量的差异，其冲淤现象也会出现一定的差异。总体上看，沟道中游下段冲淤特征表现为以冲为主的特点，沟道下游上段冲淤特征表现为边冲边淤的特点。

4. 堆积区冲淤特征

流通堆积区分布于山麓沟口以下的沟段，该区地形宽缓，泥石流在该区主要表现为淤积，曾发生过堆积淤埋的泥石流灾害。目前在沟口疏通了沟道，近期未见有淤积现象发生。

（三）泥石流形成条件分析

1. 地形地貌及沟道条件

黄阳村大沟地形地势南东高北西低，坡度多为 30°～65°，沟道内岸坡切割强烈，两侧谷坡地形陡峻，一般坡度 60°～75°，局部地段近直立，形成基岩陡坎，沟域内发育一条支沟，沟内整体相对高差较大，高差达 1030 m，为泥石流形成提供了势能。

2. 物源条件

黄阳村大沟沟道及沟岸山坡中下部地层主要物质为碎石土，结构松散，固结性差，在雨水的浸泡下易滑动或表层土体侵蚀，一旦山洪暴发，沟道两侧洪水侵蚀两侧岸坡，容易遭受岸坡坍塌滑动，泥石流物源更加丰富，此为该泥石流物源形成的主要因素之一。

经现场调查，黄阳村大沟内松散物源总计约 84500 m³，动储量约 21350 m³。在雨水冲刷及泥石流侵蚀作用下，松散堆积体进入沟道，成为泥石流物源。

3. 水源条件

水源是诱发泥石流的激发条件，由于大沟流域面积较大，暴雨在短时间内形成了大量的水体，为泥石流的形成提供了水动力条件。

九寨沟县位于川西北山区，雨量少但降雨集中，常出现局地性暴雨和冰雹。县城年均降雨量 552.3 mm，降水集中在雨季（5—9 月），约占全年降水量的 75%。据县气象站 25 年来的观测资料，年最大降水量为 750.2 mm（1990 年），最小降水量仅为 359.2 mm（1996 年），7 月份降水量最多，为 100.5 mm，日降水量大于 30 mm 的暴雨每 4 年有 3 次，其中日降水量大于 50 mm 的暴雨 25 年来共出现过 3 次，观测到的最大日降水量为 51.3 mm，降雨满足成灾泥石流雨强要求。

（四）泥石流发展趋势预测

1. 泥石流易发程度及类型

根据泥石流沟易发程度数量化评分表，评分结果为 94 分，泥石流沟属中等易发，对照数量化评分（N）与重度、$(1+\varphi)$ 关系对照表（见泥石流灾害防治工程勘查规范表 G.2），泥石流重度 γ_c 为 1.65 t/m³，大于 1.6 t/m³，为黏性泥石流。

2. 基于泥石流形成条件的发展趋势预测

（1）流域地形和沟道条件。

黄阳村大沟流域形态近似呈树叶形，以深切割高中山地貌为主，山高坡陡，上游部分区域出露为三叠系中统杂谷脑组板岩，有利于泥石流物源产生和水源的汇聚，具有泥石流发生的地形地貌条件；总体上沟道纵坡降大，并具有由下游向上游纵坡递增、宽度递减的变化趋势，局部陡缓相间，宽窄相间，有利于物源从上游地区启动和向下游运移。

（2）物源条件分析。

流域内松散固体物源丰富，流域中游下段及下游上段为主要的泥石流物源区，沟道内存在多处集中物源且临沟分布，固体物源结构松散，稳定性较差，存在在降雨及洪水冲刷侵蚀下参与泥石流活动的有利条件，为泥石流的形成提供了较为充足的物源。

（3）水源条件分析。

九寨沟县县城年均降雨量 552.3 mm，降水集中在雨季（5—9 月），约占全年降水量的 75%。常出现局地强降雨或持续性降雨天气，为泥石流的发生提供了必要的降雨条件。

黄阳村大沟沟内地形陡峻，沟谷上游纵坡很大，有利于降雨的汇聚。流域内主沟沟谷均为"V"形谷，表现出上游狭窄纵坡大、向下游逐渐纵坡变宽缓的特点，在这种特点的控制下，流域水动力条件强大，输沙能力较强。

综上所述，黄阳村大沟已具备发生泥石流的物源条件、地形地貌条件和水源条件，在特定的条件下，暴发泥石流的可能性较大。

（五）泥石流危害

黄阳村大沟泥石流现阶段未进行工程治理，由于该泥石流沟近年来多次暴发泥石流，造成沟口部分房屋院墙损毁，损毁村道 250 m，暂未造成人员伤亡，造成直接经济损失约 40 万元。

若再遭遇强降雨影响，将导致多处坡体失稳，造成沟道堵塞，势必引发更严重的泥石流灾害。根据现场访问调查，泥石流主要威胁对象为沟口两侧 45 户 150 人及村道安全，威胁资产约 900 万元。险情等级为中型。

（六）既有工程评述

根据现场调查发现，该泥石流沟未布置治理工程。

（七）防治措施建议

建议做好监测预警工作。主要监测手段为定期巡视，雨季加强监测，一旦发现沟道水流变浑浊或沟道突然断流，及时通过敲锣、鸣哨、呼喊等方式通知村民，撤离危险区。撤离路线为沟口公路向两侧撤离至安全地带。

由于该泥石流沟对沟口居民威胁较大，建议对其进行工程治理，主要措施包括在沟道内修建两座拦挡坝以拦蓄沟道内松散固体物质，降低沟床比降，提高侵蚀基准面，同时在沟口居民段修建约 250 m 长的排导槽，排泄导流出沟后的泥石流，使其顺利排泄至主河道，保护沟道两岸的居民生命财产安全。

第三部分 附录

附录1 认识古生物化石

古生物化石是指人类史前地质历史时期形成并赋存于地层中的生物遗体和活动遗迹，包括植物、无脊椎动物、脊椎动物等化石及其遗迹化石。它是地球历史的见证，是研究生物起源和进化等的科学依据。古生物化石不同于文物，它是重要的地质遗迹，是宝贵的、不可再生的自然遗产。

1. 化石的基本知识

化石是由地质历史时期生物的遗体或其他生活活动的遗迹被沉积物埋藏之后，在沉积物的压实、固结成岩过程中，经过石化作用形成的。但不是所有生物的遗体都能成为化石。化石的形成和保存与以下条件有关：

（1）生物体是否具有由化学性质较稳定的物质组成的硬体（如贝壳、鳞片、骨骼、木质纤维等）。具有硬体的生物保存为化石的可能性较大。

（2）生物遗体或遗迹所在环境的物理化学条件是否适合于保存。波浪作用强烈的水域环境不利于生物遗体和遗迹的保存；当环境介质的 pH 值小于 7.8 时，由碳酸钙组成的生物硬体容易受到溶蚀，故也不利于生物遗体的保存；氧化条件下不利于有机质的保存。

（3）生物死亡后是否迅速被埋藏。如果生物死亡后，它的遗体能够被迅速而长期埋藏，那就比较容易形成化石。

（4）沉积物的类型对化石的形成和保存也有重要影响。如果生物遗体被化学沉积物（如 $CaCO_3$）或生物成因的沉积物掩埋，形成化石的可能性比较大。

（5）在沉积物固结成岩的化石过程中，强烈的压实作用和重新结晶的作用不利于化石的形成和保存。

按化石保存特点的不同，大致有实体化石、模铸化石、遗迹化石和化学化石4种类型。其中，在实体化石中，生物遗体全部保存为化石的十分罕见，较常见的是只保存了生物体的某一部分，如一颗牙齿、一块骨头、一枚贝壳或一片叶子等。

2. 几种常见化石

附图 1.1　三叶虫（∈）

附图 1.2　中华正行贝（O）

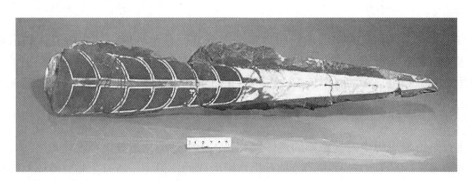

附图 1.3　震旦角石（O_2）

附图 1.4　袁氏珊瑚（横切－纵切）C_1

附图 1.5　海神石（Clymenia）D_3

附图 1.6　栉羊齿（Pecopteris）C_3

附图 1.7　瓣轮叶（Lobatannularia）P_2

附图 1.8　芦木（Calamites）C_2-P_2

附图 1.9　鳞木（Lepidodendron）$C-P$

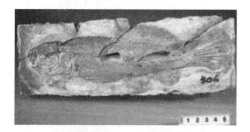

附图 1.10　中华弓鳍鱼

附图 1.11　沼泽野箭蜓

附图 1.12　燕细姬蜂

附图 1.13　圣贤孔子鸟

附图 1.14　元谋人（牙）

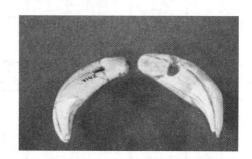

附图 1.15　山顶洞人的首饰（兽牙）

附录2 各种常见岩石花纹图例

一、第四系沉积物

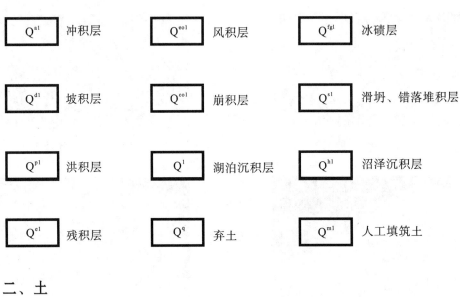

二、土

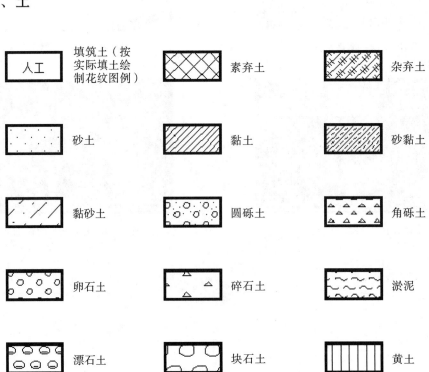

三、沉积岩

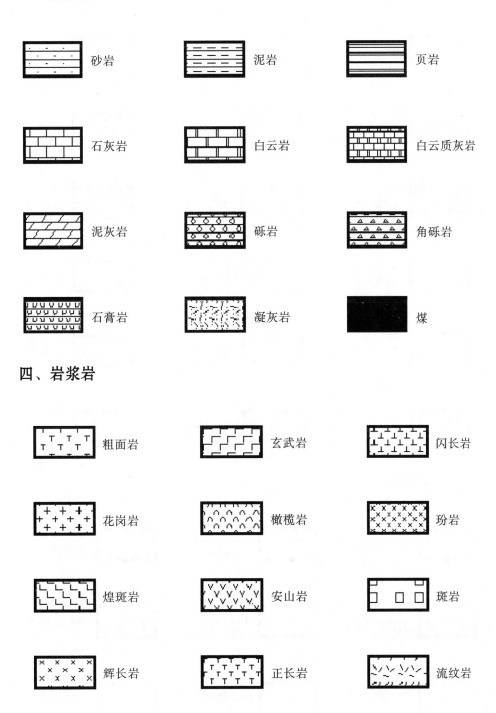

四、岩浆岩

五、变质岩

 板岩   片岩   石英岩

 碳质板岩    碳质片岩   矽卡岩

 千枚岩   绿泥石片岩   大理岩

 碳质千枚岩   云母片岩   蛇纹岩

 绢云母千枚岩   角闪片岩   片麻岩

 绿泥石千枚岩    滑石片岩   混合岩

六、地质界线

 不良地质界线   岩层分界线（平面图使用）   岩层分界线（断面图使用）

 岩层风化带分界线   不能细分的风化层   微风化带

W_2 中等风化带 W_3 强风化带 W_4 全风化带

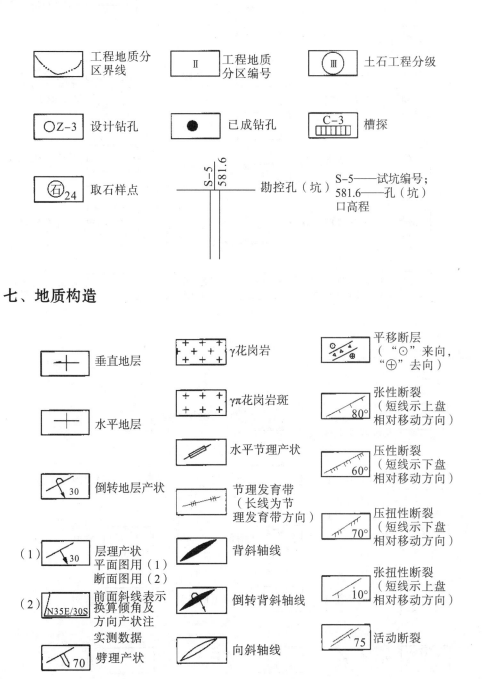

七、地质构造

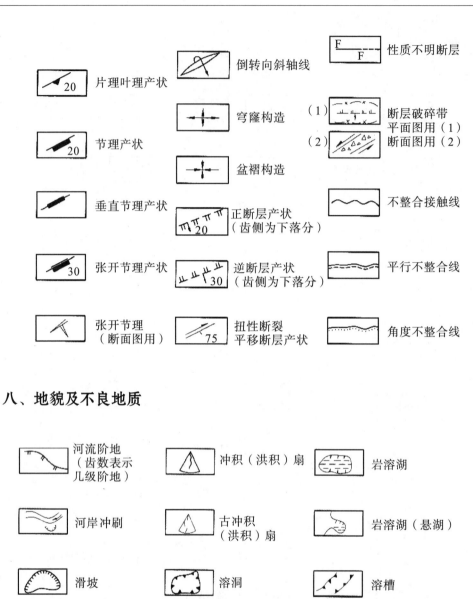

八、地貌及不良地质

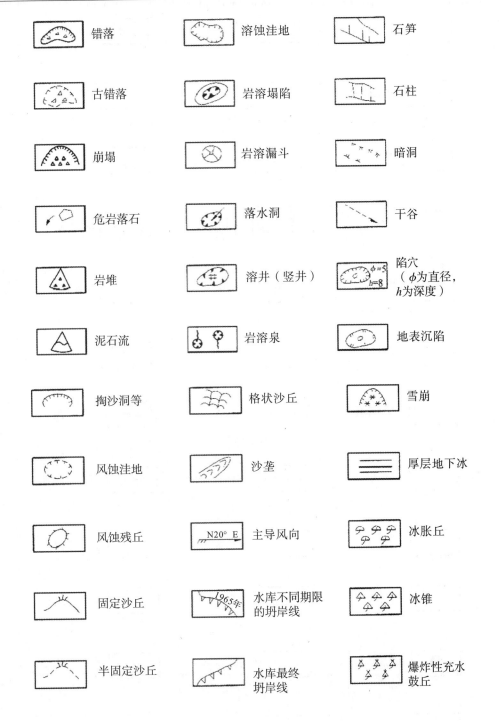

错落	溶蚀洼地	石笋
古错落	岩溶塌陷	石柱
崩塌	岩溶漏斗	暗洞
危岩落石	落水洞	干谷
岩堆	溶井（竖井）	陷穴（ϕ为直径，h为深度）
泥石流	岩溶泉	地表沉陷
掏沙洞等	格状沙丘	雪崩
风蚀洼地	沙垄	厚层地下冰
风蚀残丘	主导风向	冰胀丘
固定沙丘	水库不同期限的坍岸线	冰锥
半固定沙丘	水库最终坍岸线	爆炸性充水鼓丘

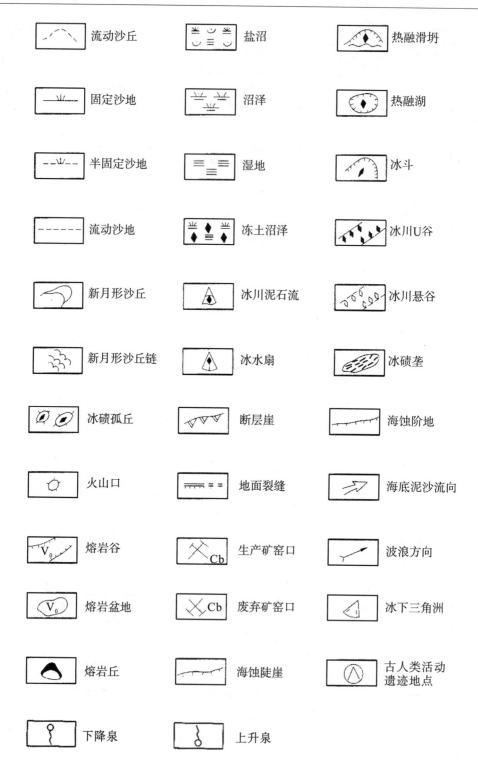

流动沙丘	盐沼	热融滑坍
固定沙地	沼泽	热融湖
半固定沙地	湿地	冰斗
流动沙地	冻土沼泽	冰川U谷
新月形沙丘	冰川泥石流	冰川悬谷
新月形沙丘链	冰水扇	冰碛垄
冰碛孤丘	断层崖	海蚀阶地
火山口	地面裂缝	海底泥沙流向
熔岩谷	生产矿窑口	波浪方向
熔岩盆地	废弃矿窑口	冰下三角洲
熔岩丘	海蚀陡崖	古人类活动遗迹地点
下降泉	上升泉	

九、地质勘探

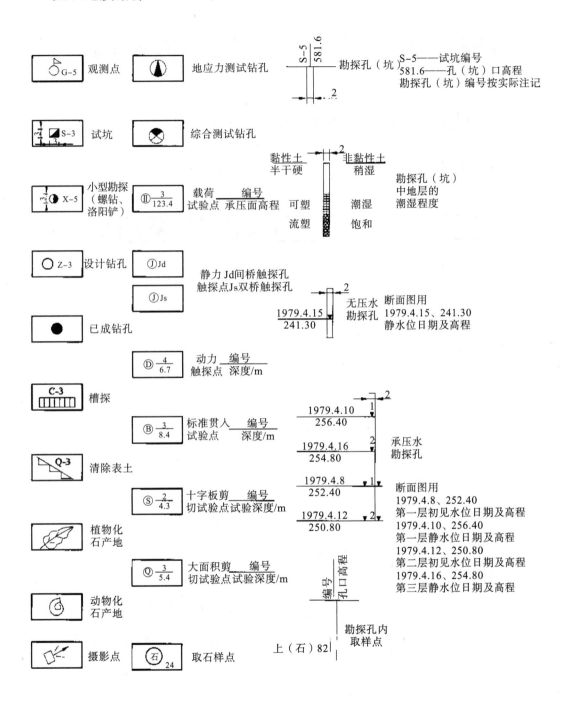

十、建筑物变形

建筑物下沉　　 道碴陷槽　　 建筑物错断　　 坡面坍塌

地面冻害　 翻浆　　 坡面冲刷　　 房屋变形

十一、地震

地震基本烈度　　 地震基本烈度分界线　　 震中

附录3 地层代号和色谱

宙	界	系		统	代号	色谱	绝对年龄（Ma）
显生宙	新生界（Kz）	第四系	Q	全新统	Q_4 或 Q_p	淡黄色	2
				更新统	Q_h		
		晚第三系	N	上新统	N_2	鲜黄色	22.5
				中新统	N_1		
		早第三系	E	渐新统	E_3	土黄色	65
				始新统	E_2		
				古新统	E_1		
	中生界（Mz）	白垩系	K	上统	K_2	鲜绿色	137
				下统	K_1		
		侏罗系	J	上统	J_3	天蓝色	195
				中统	J_2		
				下统	J_1		
		三叠系	T	上统	T_3	绛紫色	230
				中统	T_2		
				下统	T_1		
	古生界（Pz）	二叠系	P	上统	P_2	淡棕色	280
				下统	P_1		
		石炭系	C	上统	C_3	灰色	350
				中统	C_2		
				下统	C_1		
		泥盆系	D	上统	D_3	咖啡色	400
				中统	D_2		
				下统	D_1		
		志留系	S	上统	S_3	果绿色	440
				中统	S_2		
				下统	S_1		
		奥陶系	O	上统	O_3	蓝绿色	500
				中统	O_2		
				下统	O_1		

续表

宙	界	系			统	代号	色谱	绝对年龄（Ma）
显生宙	古生界（Pz）	寒武系		$\in$	上统	$\in_3$	暗绿色	615
					中统	$\in_2$		
					下统	$\in_1$		
隐生宙	元古界（Pt）	Pt_3	震旦系	Z	上统	Z_2	绛棕色	850
					下统	Z_1		
		Pt_2	青白口系				棕红色	1050
		Pt_1	蓟县系					1600~1700
太古宙	太古界（Ar）						玫瑰红色	2500

附录4 地质罗盘的结构及功能

一、地质罗盘

地质罗盘（简称罗盘）是地质工作者进行野外地质工作必不可少的工具，被称为地质工作"三件宝"之一。借助它可以测量方位、地形坡度、地层产状，因此必须学会且熟练掌握罗盘的使用方法。

1. 地质罗盘的结构及各部件的功能

罗盘的式样很多，但结构基本是一致的。我们常用的是圆盘式罗盘，由磁针、刻度盘、瞄准器、水准器等组成，如附图4.1所示。它们各部件的主要功能如下：

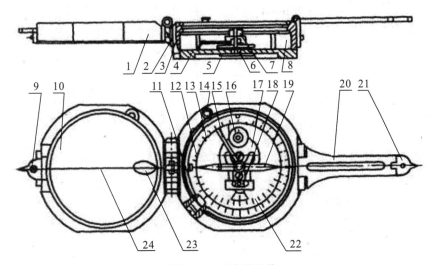

附图 4.1 罗盘的结构

1—上盖；2—连结合页；3—外壳；4—底盘；5—手把；6—顶针；7—玛瑙轴承；8—压圈；9—小瞄准器；10—反光镜；11—磁偏角校正螺丝；12—圆刻度盘；13—方向盘；14—制动螺丝；15—拔杆；16—圆水准器；17—测斜器；18—长水准器；19—磁针；20—长瞄准器；21—短瞄准器；22—半圆刻度盘；23—椭圆孔；24—中线

（1）磁针（19）：为一中间宽、两端尖的菱形磁性钢针，安装在底盘中心的顶针上，可自由转动，用来指示南北方向。若不用时应旋紧制动螺丝（14），不让磁针转动，以免磨损顶针，降低灵敏度。由于我国位于北半球，磁针两端所受地磁场吸引力不等，磁针的北端大于南端，而且磁引力是倾斜的（不是地球表面的切线方向），故使磁针发生倾斜。在测量时，为使磁针处于平衡状态下自由转动，常在磁针的南端绕上若干圈铜丝，用来调节磁针的重心位置，以求磁针的平衡。同时也可借此标记来区分磁针的南北端。

（2）圆刻度盘（12）：也称水平刻度盘，用来读方位角。一般的刻记方式是从0°开始按逆时针方向每隔10°作一标记，连续刻到360°，南（S）和北（N）分别为180°和

0°，东（E）和西（W）分别为90°和270°，这种刻记法也称为方位角法。注意：刻度盘是按逆时针方向刻记的，而实际方位的度数是按顺时针方向排列的，所以刻度盘上东、西与实际方位相反，这是为了在测量方位时能直接读出读数。因为测量时，磁针保持不动（始终指向南北），转动的是罗盘外壳（即刻度盘），当刻度盘向东转时，磁针相对向西偏转，故刻度盘上按逆时针方向刻记所读的数与实际的度数相同。

（3）半圆刻度盘（22）：也称竖直刻度盘，刻在罗盘的方向盘上（13），用来读倾斜角和坡度角。一般以水平为0°，垂直地面为90°，它们之间每隔10°标记相应数字。

（4）长瞄准器（20）和小瞄准器（9）：在测量方位角时，用来瞄准所测物体，使三点在一条直线上。

（5）反光镜（10）、椭圆孔（23）和中线（24）：反光镜起映像的作用，椭圆孔和中线用来透过视线瞄准被测物体。

（6）圆水准器（16）和长水准器（18）：前者用于保持罗盘水平，后者用于指示测斜器保持铅直位置。

（7）制动螺丝（14）：起固定磁针的作用，以保护顶针，减少磨损。

（8）磁偏角校正螺丝（11）：用来转动圆刻度盘，校正磁偏角。

2. 罗盘的作用

因为地磁的南、北极与地理的南、北极位置不完全重合，故地球的磁子午线与地理子午线不相重合，有一定的偏差，它们之间的夹角称为磁偏角。我国大部分地区磁偏角都是西偏，只有极少的地区（新疆）是东偏，北京等地区的磁偏角为西偏。

罗盘测出的方位角为磁方位角，而地形图采用的是地理坐标，两者不一致，所以在一个地区工作前，应根据地形图提供的磁偏角，对罗盘进行校正，使得磁北极（磁子午线）与地理北极（真子午线）重合。

磁偏角的校正方法如附图4.2所示。若磁偏角西偏，用小刀或起子按顺时针方向转动磁偏角校正螺丝，使圆刻度盘向逆时针方向转动磁偏角的度数。

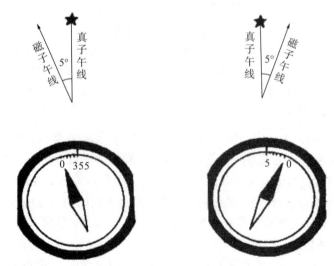

（a）磁偏角西偏5°   （b）磁偏角东偏5°

附图4.2　罗盘磁偏角的校正方法

在野外工作中，罗盘常起到以下几个方面的作用。

（1）测方位。

测量某物体的方位是野外地质工作者应具备的最基本的技能。在定点时，首先要做的就是测量观察点位于某地形或地物的方位。测量时打开罗盘盖，放松制动螺丝，让磁针自由转动。当被测量的物体较高大时，把罗盘放在胸前，罗盘的长水准器对准被测物体，然后转动反光镜，使物体及长瞄准器都映入反光镜，并且使物体、长瞄准器上的短瞄准器的尖及反光镜的中线位于一条直线上，同时保持罗盘水平（圆水准器的气泡居中）。当磁针停止摆动时，即可直接读出磁针所指圆刻度盘上的读数，也可按下制动螺丝再读数。读方位角的方法，可根据罗盘摆放的位置来决定是读磁北针或磁南针所指的度数。如果要测量某物体（B）相对于测量者（A）的方位，当罗盘如附图 4.3 所示放置时，就读磁北针所指的读数，其原理是：若要测量 B 点相对于 A 点的方位，我们可以这样假设，B 点是动点（因为被测量点可以选任何物体），A 点是定点（人站着不动，相当于一个参考点），那么 AB 线的方向是从 A 到 B 的。测量 B 点相对于 A 点的方位，实际上就是测量 AB 线按逆时针方向旋转与正北方向的夹角（α），也是长瞄准器所指方向与磁北针的夹角。由于罗盘采用的是方位角，而且是按逆时针方向，所以必须读磁北针所指的读数。

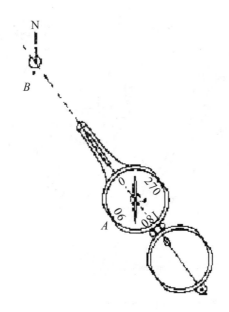

附图 4.3　方位角的测量方法

为了便于记忆，不至于在测量时读错读数，可以这样记：当罗盘的长瞄准器的指向与测量线（AB）的指向一致时，就读磁北针所指的读数。

当被测量物体较低时，罗盘放置与上述相反，把长瞄准器对准测量者，并放到眼前，折起短瞄准器，然后转动反光镜使其与罗盘平面的夹角小于 90°，以看清圆水准器为准。测量时，视线通过反光镜椭圆孔，使短瞄准器的尖、椭圆孔的中线和被测量物体重合，同时保持罗盘水平（通过反光镜看圆水准器气泡居中），磁针停止摆动，这时用手指按下制动螺丝（这个步骤必须做，因为在测量时，眼睛看不清读数，如果不按下制动螺丝，待罗盘放下来再读数时，磁针已转动了），然后再读数。读数的原则同前。

（2）测量岩层产状要素。

岩层产状要素包括岩层的走向、倾向和倾角。岩层走向是岩层层面与水平面交线的延伸方向。岩层倾向是岩层面上的倾斜线在水平面上的投影所指方向。倾角是倾斜线与水平面的夹角。

测量岩层走向时，将罗盘的长边（与罗盘上标有 N—S 相平行的边）的一条棱与层面紧贴，如附图 4.4 所示，然后缓慢转动罗盘（注意：在转动过程中，罗盘紧靠层面的那条棱的任何一点都不能离开层面），使圆水准器的气泡居中，磁针停止摆动，这时读出磁针所指的读数即为岩层的走向。读磁北针或磁南针都可以，因为岩层走向是朝两个方向延伸的，相差 $180°$。

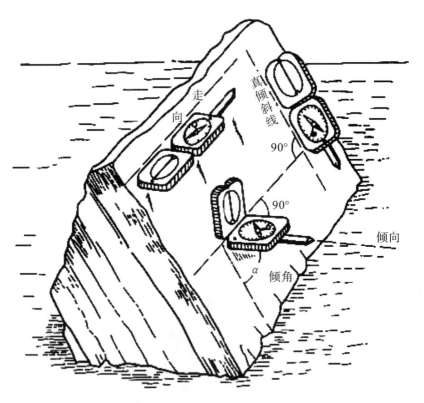

附图 4.4　岩层产状要素测量方法

测量岩层的倾向时，罗盘如附图 4.4 所示放置，将罗盘南端（标有 S）的一条棱紧靠岩层面，这时长瞄准器指向与岩层的倾向一致，并转动罗盘，转动方法及原则同上述。当罗盘水平、磁针不摆动时，就可读数。如附图 4.4 所示放置罗盘，应读磁北针所指的读数。

当测量完倾向后，不要让罗盘离开岩层面，马上把罗盘转 $90°$（罗盘直立），如附图 4.4 所示放置，使罗盘的长边紧靠岩层面，并与倾斜线重合，然后转动罗盘底面的手把，使测斜器上的水准器（长水准器）气泡居中，这时测斜器上的游标所指半圆刻度盘的读数即为倾角。

在测量地层产状时，一般只需测量地层的倾向和倾角，而走向可通过倾向的数字加或减 90°得到。测量倾向和倾角时，必须先测倾向，后测倾角。

若被测量的岩层表面凹凸不平，可把记录本平放在岩层面上当作层面，以便提高测量的准确性和代表性。如果岩层出露很不完整，这时要找岩层的断面，找到属于同一层面的 3 个点（一般在两个相交的断面易找到），再用记录本把这 3 个点连成一平面（相当于岩层面），这时测量记录本的平面即可。

（3）测量地形坡度。

地形坡度是指斜坡的斜面（线）与水平面的夹角。其测量方法如附图 4.5 所示，在坡顶、坡底或斜坡上各站一人，或者各立一根与人等高的标杆。站在坡底的人把罗盘直立，长瞄准器指向测量者，并转动反光镜，以观察到长水准器为准。视线从短瞄准器的小孔或尖通过，经反光镜的椭圆孔，直达标杆的顶端或人的头顶。调整罗盘底面的手把，使长瞄准器的气泡居中（在反光镜里看），这时测斜器上的游标所指示半圆刻度盘的读数即为坡度角，也可以用相同的方法从坡顶向坡脚测量坡度角。

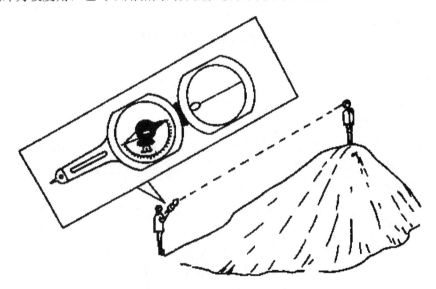

附图 4.5　地形坡度的测量方法

二、手机地质罗盘 App

手机地质罗盘作为一种电子罗盘，其基础功能是通过手机内部的磁力计来感知地球磁场的方向，从而确定手机的朝向。这一功能在大部分智能手机中都被集成到指南针应用中。

1. 手机地质罗盘 App 的种类

Geology Toolkit：这是一款功能丰富的地质学工具箱 App，具有罗盘、测距、地图等功能，适合地质学家和地理爱好者使用。

Rocklogger：这款 App 主要用于野外地质调查，可以记录样本信息、拍摄照片并标注地点，方便后续分析和研究。

Compass Galaxy：这是一款简单易用的罗盘 App，提供基本的指南针功能，适合一般用户进行户外定位和导航。

Geology Compass：这款 App 专注于地质导航和测量，可以帮助用户测量地层倾向和倾角等地质参数。

StraboSpot：这是一款专门用于地层记录和野外工作的 App，可以记录地层信息、标注地质构造等，方便地质学家进行野外研究和调查。

2. 手机地质罗盘的使用

1）下载并安装 App

在手机应用商店搜索并下载你选择的地质罗盘 App，安装完成后打开。

2）校准罗盘

在使用前，需要对手机的罗盘进行校准，以确保准确度。通常的校准方式是：在打开 App 后，按照屏幕上的指示，将手机在空旷的地方进行旋转，直到罗盘指针指向北方并稳定为止。

3）选择功能

根据你的需求选择合适的功能，如指南针功能、测量功能等。

4）使用指南针功能

如果你需要进行定向和导航，可以使用指南针功能。打开指南针功能后，将手机水平持平，等待罗盘指针稳定，然后根据指针指向的方向确定方位。

5）使用测量功能

如果 App 提供了测量功能，你可以使用它来测量地层倾向、倾角等地质参数。通常的操作是：先在指定地点放置手机，然后按照 App 的指示进行测量。

6）记录数据

根据需要，你可以记录测量结果和定向信息，以便后续分析和研究。

7）注意事项

在使用手机地质罗盘时，要注意避免与手机外部金属物体接触，以免干扰罗盘的准确度。另外，在野外使用时，要注意保护手机免受损坏或丢失。

通过以上步骤，你可以有效地利用手机地质罗盘进行地质定向和导航，并记录相关数据进行后续分析和研究。

附录5　土的工程分类

——据《岩土工程勘察规范》（GB 50021—2001）（2009 年版）

1. 碎石土分类

粒径大于 2 mm 的颗粒质量超过总质量 50％的土，应定名为碎石土，并按附表 5.1 进一步分类。

附表 5.1　碎石土分类

土的名称	颗粒形状	颗粒级配
漂石	圆形及亚圆形为主	粒径大于 200 mm 的颗粒质量超过总质量 50％
块石	棱角形为主	
卵石	圆形及亚圆形为主	粒径大于 20 mm 的颗粒质量超过总质量 50％
碎石	棱角形为主	
圆砾	圆形及亚圆形为主	粒径大于 2 mm 的颗粒质量超过总质量 50％
角砾	棱角形为主	

注：定名时应根据颗粒级配由大到小以最先符合者确定。

2. 砂土分类

粒径大于 2 mm 的颗粒质量不超过总质量的 50％，且粒径大于 0.075 mm 的颗粒质量超过总质量 50％的土，应定名为砂土，并按附表 5.2 进一步分类。

附表 5.2　砂土分类

土的名称	颗粒级配
砾砂	粒径大于 2 mm 的颗粒质量占总质量 25％～50％
粗砂	粒径大于 0.5 mm 的颗粒质量超过总质量 50％
中砂	粒径大于 0.25 mm 的颗粒质量超过总质量 50％
细砂	粒径大于 0.075 mm 的颗粒质量超过总质量 85％
粉砂	粒径大于 0.075 mm 的颗粒质量超过总质量 50％

注：定名时应根据颗粒级配由大到小以最先符合者确定。

3. 粉土的划分

塑性指数等于或小于 10，且粒径大于 0.075 mm 的、质量不超过总质量 50％的土，应定名为粉土。

4. 黏性土的划分

塑性指数大于 10 的土，应定名为黏性土。

黏性土应根据塑性指数分为粉质黏土和黏土。塑性指数大于 10，且小于或等于 17 的土，应定名为粉质黏土；塑性指数大于 17 的土应定名为黏土。

注：塑性指数应由 76 g 圆锥仪沉入土中深度为 10 mm 时测定的液限计算而得。

附录6　岩石分类和鉴定

1．工民建工程

——据《岩土工程勘察规范》（GB 50021—2001）（2009 年版）

附表 6.1　岩石坚硬程度分类

坚硬程度	坚硬岩	较硬岩	较软岩	软　岩	极软岩
饱和单轴抗压强度（MPa）	$F_r>60$	$60\geqslant F_r>30$	$30\geqslant F_r>15$	$15\geqslant F_r>5$	$F_r\leqslant5$

注：①当无法取得饱和单轴抗压强度数据时，可用点荷载试验强度换算，换算方法按现行国家标准《工程岩体分级标准》（GB 50218）执行；
②当岩体完整程度极为破碎时，可不进行坚硬程度分类。

附表 6.2　岩石坚硬程度等级定性分类

坚硬程度等级		定性鉴定	代表性岩石
硬质岩	坚硬岩	锤击声清脆，有回弹，震手，难击碎，基本无吸水反应	未风化～微风化的花岗岩、闪长岩、辉绿岩、玄武岩、安山岩、片麻岩、石英岩、石英砂岩、硅质砾岩、硅质石灰岩等
	较硬岩	锤击声较清脆，有轻微回弹，稍震手，较难击碎，有轻微吸水反应	①微风化的坚硬岩；②未风化～微风化的大理岩、板岩、石灰岩、白云岩、钙质砂岩等
软质岩	较软岩	锤击声不清脆，无回弹，较易击碎，浸水后指甲可刻划出印痕	①中等风化～强风化的坚硬岩或较硬岩；②未风化～微风化的凝灰岩、千枚岩、泥灰岩、砂质泥岩等
	软　岩	锤击声哑，无回弹，有凹痕，易击碎，浸水后手可捏开	①强风化的坚硬岩或较硬岩；②中等风化～强风化的较软岩；③未风化～微风化的页岩、泥岩、泥质砂岩等
极软岩		锤击声哑，无回弹，有较深凹痕，手可捏碎，浸水后可捏成团	①全风化的各种岩石；②各种半成岩

附表 6.3　岩体完整程度分类

完整程度	完　整	较完整	较破碎	破　碎	极破碎
完整性指数	>0.75	0.75～0.55	0.55～0.35	0.35～0.15	<0.15

注：完整性指数为岩体压缩波速与岩块压缩波速之比的平方。

附表 6.4 岩石完整程度的定性分类

完整程度	结构面发育程度		主要结构面的结合程度	主要结构面类型	相应结构类型
	组数	平均间距（m）			
完 整	1～2	>1.0	结合好或结合一般	裂隙、层面	整体状或巨厚层状结构
较完整	1～2	>1.0	结合差	裂隙、层面	块状或厚层状结构
	2～3	1.0～0.4	结合好或结合一般		块状结构
较破碎	2～3	1.0～0.4	结合差	裂隙、层面、小断层	裂隙块状或中厚层状结构
	≥3	0.4～0.2	结合好		镶嵌碎裂结构
			结合一般		中、薄层状结构
破 碎	≥3	0.4～0.2	结合差	各种类型结构面	裂隙块状结构
		≤0.2	结合一般或结合差		碎裂状结构
极破碎	无序		结合很差		散体状结构

附表 6.5 岩石按风化程度分类

风化程度	野外特征	风化程度参数指标	
		波速比 K_v	风化系数 K_f
未风化	岩质新鲜，偶见风化痕迹	0.9～1.0	0.9～1.0
微风化	结构基本未变，仅节理面有渲染或略有变色，有少量风化裂隙	0.8～0.9	0.8～0.9
中等风化	结构部分破坏，沿节理面有次生矿物，风化裂隙发育，岩体被切割成岩块，岩心钻方可钻进	0.6～0.8	0.4～0.8
强风化	结构大部分破坏，矿物成分显著变化，风化裂隙很发育，岩体破碎，用镐可挖，干钻不易钻进	0.4～0.6	<0.4
全风化	结构基本破坏，但尚可辨认，有残余结构强度，可用镐挖，干钻可钻进	0.2～0.4	—
残积土	组织结构全部破坏，已风化成土状，锹镐易挖掘，干钻易钻进，具可塑性	<0.2	—

注：①波速比 K_v 为风化岩石与新鲜岩石压缩波速度之比；
②风化系数 K_f 为岩石与新鲜岩石饱和单轴抗压强度之比；
③花岗岩类岩石，可采用标准贯入试验划分，$N \geqslant 50$ 为强风化，$50 > N \geqslant 30$ 为全风化，$N < 30$ 为残积土；
④泥岩和半成岩，可不进行风化程度划分。

附表6.6　岩体按结构类型划分

岩体结构类型	岩体地质类型	结构体形状	结构面发育程度	岩土工程特征	可能发生的岩土工程问题
整体状结构	巨块状岩浆岩和变质岩，巨厚层沉积岩	巨块状	以层面和原生、构造节理为主，多呈闭合型间距大于1.5 m，一般为1～2组，无危险结构	岩体稳定，可视为均质弹性各向同性体	局部滑动或坍塌，深埋洞室的岩爆
块状结构	厚层状沉积岩，块状岩浆岩和变质岩	块状柱状	有少量贯穿性节理裂隙，结构面间距0.7～1.5 m。一般为2～3组，有少量分离体	结构面互相牵制，岩体基本稳定，接近弹性各向同性体	
层状结构	多韵律薄层、中厚层状沉积岩，副变质岩	层状板状	有层理、片理、节理，常有层间错动	变形和强度受层面控制，可视为各向异性弹性塑性体，稳定性较差	可沿结构面滑塌，软岩可产生塑性变形
碎裂状结构	构造影响严重的破碎岩层	碎块状	断层、节理、片理、层理发育，结构面间距0.25～0.50 m，一般3组以上，有许多分离体	整体强度很低，并受软弱结构面控制，呈弹塑性体，稳定性很差	易发生规模较大的岩体失稳，地下水加剧失稳
散体状结构	断层破碎带，强风化及全风化带	碎屑状	构造和风化裂隙密集，结构面错综复杂，多充填黏性土，形成无序小块和碎屑	完整性遭极大破坏，稳定性极差，接近松散体介质	易发生规模较大的岩体失稳，地下水加剧失稳

2．公路工程

——据《公路桥涵地基与基础设计规范》（JTG D63—2007）

《公路隧道设计规范》（JTG D70—2004）

附表6.7　公路隧道围岩分级　JTG D70—2004

围岩级别	围岩或土体主要定性特征	围岩基本质量指标 B_Q 或修正的围岩基本质量指标 $[B_Q]$
Ⅰ	坚硬岩，岩体完整，巨整体或巨厚层状结构	>550
Ⅱ	坚硬岩，岩体较完整，块状或厚层状结构 较坚硬岩，岩体完整，块状整体结构	550～451
Ⅲ	坚硬岩，岩体较破碎，巨块（石）碎（石）状镶嵌结构； 较坚硬或较软硬岩层，岩体较完整，块状体或中厚层结构	450～351
Ⅳ	坚硬岩，岩体破碎，碎裂结构； 较坚硬岩，岩体较破碎～破碎，镶嵌碎裂结构； 较软岩或软硬岩互层，且以软岩为主，岩体较完整～较破碎，中薄层状结构 土体：①压密或成岩作用的黏性土及砂性土； ②黄土（Q_1、Q_2）； ③一般钙质、铁质胶结的碎石土、卵石土、大块石土	350～251

围岩级别	围岩或土体主要定性特征	围岩基本质量指标 B_Q 或修正的围岩基本质量指标 $[B_Q]$
V	较软岩，岩体破碎； 软岩，岩体较破碎～破碎； 极破碎各类岩体，碎、裂状，松散结构	≤250
	一般第四系的半干硬～硬塑的黏性土及稍湿至潮湿的碎石土、卵石土、圆砾、角砾土及黄土（Q_3、Q_4）。非黏性土呈松散结构，黏性土及黄土呈松软结构	
VI	软塑状黏性土及潮湿、饱和粉细砂层、软土等	

注：①本表不适用于特殊条件的围岩分级，如膨胀性围岩、多年冻土等。
　　②围岩基本质量指标（B_Q）：
$$B_Q=90+3R_c+250K_v$$
　　式中　R_c——岩石单轴饱和抗压强度（MPa）；
　　　　　K_v——岩体完整性系数。
　　①当 $R_c>90K_v+30$ 时，应以 $R_c=90K_v+30$ 和 K_v 代入计算 B_Q 值；
　　②当 $K_v>0.04R_c+0.4$ 时，应以 $K_v=0.04R_c+0.4$ 和 R_c 代入计算 B_Q 值。
　　③围岩基本质量指标修正值 $[B_Q]$：
$$[B_Q]=B_Q-100(K_1+K_2+K_3)$$
　　式中　K_1——地下水影响修正系数；
　　　　　K_2——主要软弱结构面产状影响修正系数；
　　　　　K_3——初始应力状态影响修正系数。

附表 6.8　隧道各级围岩自稳能力判断　JTG D70—2004

岩体级别	自稳能力
I	跨度 20 m，可长期稳定，偶有掉块，无塌方
II	跨度 10～20 m，可基本稳定，局部可能发生掉块或小塌方； 跨度 10 m，可长期稳定，偶有掉块
III	跨度 10～20 m，可稳定数日至 1 个月，可发生小、中塌方； 跨度 5～10 m，可稳定数月，可发生局部块体位移及小、中塌方； 跨度 5 m，可基本稳定
IV	跨度 5 m，一般无自稳能力，数日至数月内可发生松动变形、小塌方，进而发展为中、大塌方。埋深小时，以拱部松动破坏为主，埋深大时，有明显塑性流动变形和挤压破坏； 跨度<5 m，可稳定数日至 1 月
V	无自稳能力，跨度为 5 m 或更小时，可稳定数日
VI	无自稳能力

注：①小塌方：塌方高度<3 m，或塌方体积<30 m³。
　　②中塌方：塌方高度 3～6 m，或塌方体积为 30～100 m³。
　　③大塌方：塌方高度>6 m，或塌方体积>100 m³。

附图 1　太阳山地区地质图（1：15000）

太阳山综合地层柱状图　1：15 000

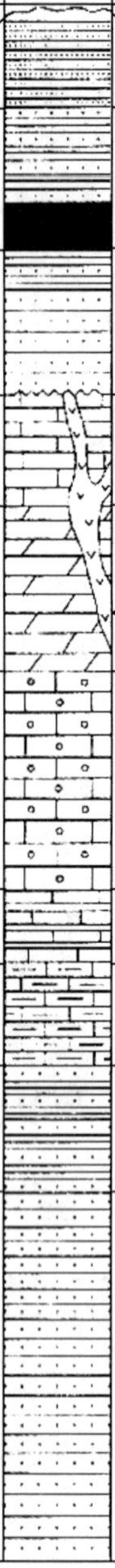

界	系	统	阶	地层代号	厚度/m	岩性符号	层序	岩性简述	化石	地貌	水文	矿产
新生界	第四系			Q	0–20		11	河流淤积：卵石及砂子		有时构成阶地		
中生界	白垩系			K	155		10	砖红色粉砂岩，钙质胶结，有交错层	鱼化石		裂隙水	
中生界	侏罗系	上统		J_3	135 30 75		9	煤系：黑色页岩为主，夹有岩白色细料砂岩，中下部有可采煤系，一层厚50m				可作炼焦用
中生界	侏罗系	中统		J_2	233		8	浅灰色中粒石英砂岩，间或夹有薄层绿色页岩。砂岩具有洪流之交错层		常成陡崖		有沥青显示
								角度不整合				
中生界	三叠系	上统		T_3	180		7	灰白色白云质灰岩，夹有紫色泥岩一层厚5m，灰岩中有缝合线构造	Halobia Spirifera			
中生界	三叠系	中统		T_2	265		6	紫红色泥灰岩中夹鲕状石灰岩互层		风化后成平缓山坡	在顶部岩层有水渗出	
								辉绿岩岩墙		呈凹地		
								平行不整合				
	二叠系	上统		P_2	356		5	浅色豆状石灰岩夹有页岩	LyHonia oldhamina Par at eleces Gallouaniella	在顶部顺层有溶洞出现		
	二叠系	下统		P_1	110		4	暗灰色纯灰岩	Michelina Cryptospirifer			可作水泥原料
	石炭系	上统		C_3	176		3	浅灰色石灰岩，有燧石结核排列成层				
	石炭系	中统		C_2	210		2	黑色页岩夹细砂岩				
	石炭系	下统		C_1	600		1	灰白色石英砂岩，中夹页岩及煤线				玻璃原料

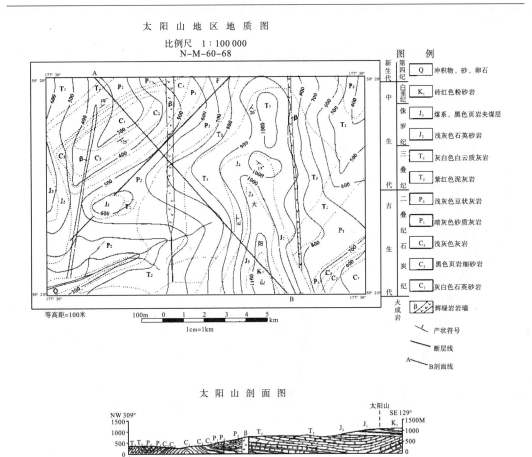

太阳山地区地质图

比例尺 1:100 000

N-M-60-68

太阳山剖面图

附图2 朝松岭地形地质图（1∶25000）

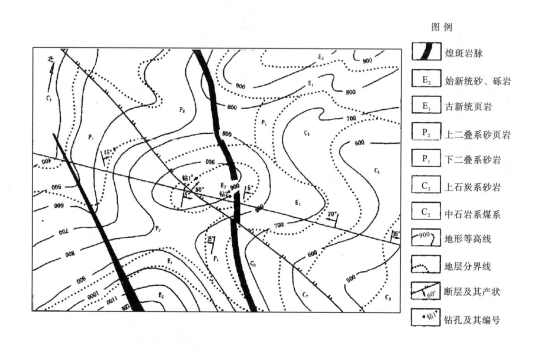

附图3 暮云岭地形地质图 （1∶25000）

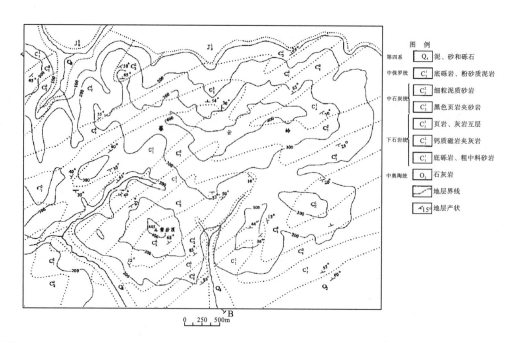

附图 4 北川老县城地灾点地形地质图

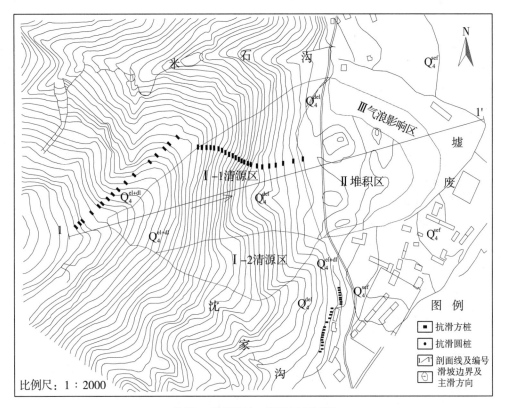

北川王家岩滑坡工程地质平面图

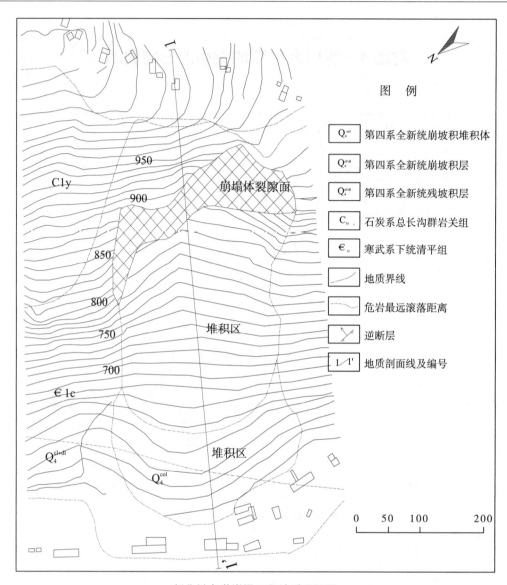

图例

Q_4^{col} 第四系全新统崩坡积堆积体

Q_4^{al+dl} 第四系全新统崩坡积层

Q_4^{col+dl} 第四系全新统残坡积层

C_{1y} 石炭系总长沟群岩关组

$\in_{1c}$ 寒武系下统清平组

地质界线

危岩最远滚落距离

逆断层

1/1' 地质剖面线及编号

新北川中学崩塌工程地质平面图

附表 1　真、视倾角换算表

真倾角	岩层走向与剖面间夹角（视倾角）																
	1°	5°	10°	15°	20°	25°	30°	35°	40°	45°	50°	55°	60°	65°	70°	75°	80°
10°	0°11′	0°53′	1°45′	2°37′	3°27′	4°16′	5°02′	5°47′	6°28′	7°06′	7°42′	8°13′	8°41′	9°04′	9°24′	9°40′	9°51′
15°	0°16′	1°20′	2°40′	3°58′	5°14′	6°28′	7°38′	8°44′	9°46′	10°44′	11°36′	12°23′	13°04′	13°39′	14°08′	14°31′	14°47′
20°	0°22′	1°49′	3°37′	5°23′	7°06′	8°45′	10°19′	11°48′	13°10′	14°26′	15°35′	16°36′	17°30′	18°15′	18°53′	19°22′	19°43′
25°	0°28′	2°20′	4°38′	6°53′	9°04′	11°09′	13°07′	14°58′	16°41′	18°15′	19°39′	20°54′	21°59′	22°55′	23°40′	24°15′	24°40′
30°	0°35′	2°53′	5°44′	8°30′	11°10′	13°43′	16°06′	18°19′	20°22′	22°12′	23°52′	25°19′	26°34′	27°37′	28°29′	29°09′	29°37′
35°	0°42′	3°30′	6°56′	10°16′	13°28′	16°29′	19°18′	21°53′	24°14′	26°20′	28°13′	29°50′	31°14′	32°24′	33°21′	34°04′	34°35′
40°	0°50′	4°11′	8°17′	12°15′	16°01′	19°32′	22°46′	25°42′	28°20′	30°41′	32°44′	34°30′	36°00′	37°15′	38°15′	39°02′	39°34′
45°	1°00′	4°59′	9°51′	14°31′	18°53′	22°55′	26°34′	29°50′	32°44′	35°16′	37°27′	39°19′	40°54′	42°11′	43°13′	44°00′	44°34′
50°	1°11′	5°56′	11°42′	17°09′	22°11′	26°44′	30°47′	34°21′	37°27′	40°07′	42°24′	44°19′	45°54′	47°12′	48°14′	49°01′	49°34′
55°	1°26′	7°06′	13°56′	20°17′	26°02′	31°07′	35°32′	39°19′	42°33′	45°17′	47°34′	49°29′	51°03′	52°19′	53°19′	54°04′	54°35′
60°	1°44′	8°35′	16°44′	24°09′	30°39′	36°12′	40°54′	44°49′	48°04′	50°46′	53°00′	54°49′	56°19′	57°30′	58°26′	59°08′	59°37′
65°	2°09′	10°35′	20°26′	29°02′	36°16′	42°11′	47°00′	50°53′	54°03′	56°36′	58°40′	60°21′	61°42′	62°46′	63°36′	64°14′	64°40′
70°	2°45′	13°28′	25°30′	35°25′	43°13′	49°16′	53°57′	57°36′	60°29′	62°46′	64°35′	66°03′	67°12′	68°07′	68°50′	69°21′	69°43′
75°	3°44′	18°01′	32°57′	44°00′	51°55′	57°37′	61°49′	64°58′	67°20′	69°15′	70°43′	71°53′	72°48′	73°32′	74°05′	74°30′	74°47′
80°	5°39′	26°18′	44°34′	55°44′	62°44′	67°21′	70°34′	72°55′	74°40′	76°00′	77°02′	77°51′	78°29′	78°50′	79°22′	79°39′	79°51′
85°	11°17′	44°53′	63°16′	71°19′	75°39′	78°18′	80°05′	81°20′	82°15′	82°57′	83°29′	83°54′	84°14′	84°29′	84°41′	84°49′	84°55′
89°	45°00′	78°40′	84°16′	86°09′	87°05′	87°38′	88°00′	88°15′	88°27′	88°35′	88°42′	88°47′	88°51′	88°54′	88°56′	88°58′	88°59′

附表 2　节理调查表

点号	位置	地层时代及岩性	岩层产状及构造部位	成因	长度	产状	张开度	粗糙度	起伏度	充填物	含水情况	间距/密度

注：成因：包括风化、卸荷、爆破、原生、构造等；
　　张开度：包括宽张（>5 mm）、张开（3~5 mm）、微张（1~3 mm）、闭合（<1 mm）；
　　粗糙度：包括光滑、平坦、粗糙等；
　　起伏度：包括平面形、波浪形、台阶形；
　　充填物：包括充填物的有无、成分、胶结情况等；
　　含水情况：包括干燥、湿润、滴水、流水、涌水、饱和等。

附表 3　不良地质工点调查表

工程名称		起讫里程	
不良地质名称			
工程地质特征			
水文地质特征			
措施意见			
示意图			

调查者_____　　　复核者_____　　　日期_____

附表4 滑坡调查表

<table>
<tr><td rowspan="3">名称</td><td colspan="3"></td><td colspan="2" rowspan="2"></td><td colspan="4">省　县（市）　乡　村　社</td></tr>
<tr><td>野外编号</td><td>室内编号</td><td></td><td colspan="2">坐标（m）</td><td>X：</td><td rowspan="2">标高（m）</td><td>冠</td></tr>
<tr><td>滑坡年代</td><td colspan="2">发生时间</td><td rowspan="2">地理位置</td><td colspan="2">Y：</td><td>趾</td></tr>
<tr><td>□古滑坡　□老滑坡
□现代滑坡</td><td colspan="2">年　月　日
时　分</td><td colspan="4">经度：　°　′　″
纬度：　°　′　″</td></tr>
</table>

<table>
<tr><td rowspan="4">滑坡类型</td><td colspan="2">□推移式滑坡　□牵引式滑坡</td><td>滑体性质</td><td>□岩质□碎块石□土质</td></tr>
</table>

地质环境		地层岩性			地质构造		微地貌	地下水类型
	地质环境	时代	岩性	产状	构造部位	地震烈度	□陡崖　□陡坡 □缓坡　□平台	□孔隙水　□潜水 □裂隙水　□承压水 □岩溶水　□上层滞水

自然地理环境	降水量（mm）			水　文		
	年均	日最大	时最大	洪水位（m）	枯水位（m）	滑坡相对河流位置
						□左　□右　□凹　□凸

原始斜坡	坡高（m）	坡度（°）	坡形	斜坡结构类型	控滑结构面		
			□凸形 □凹形 □平直 □阶状	□土质斜坡 □碎屑岩斜坡 □碳酸盐岩斜坡 □结晶岩斜坡 □变质岩斜坡 □平缓层状斜坡 □顺向斜坡 □横向斜坡 □斜向斜坡 □反向斜坡 □特殊结构斜坡	类型	□层理面 □片理或壁理面 □节理裂隙面 □覆盖层与基岩接触面 □层内错动带 □构造错动带 □断层 □老滑面	产状

滑坡基本特征 外形特征	长度（m）	宽度（m）	厚度（m）	面积（m²）	体积（m³）	规模等级	坡度（°）	坡向（°）
						□巨型　□大型 □中型　□小型		
	平面形态				剖面形态			
	□半圆　□矩形　□舌形　□不规则				□凸形　□凹形　□直线　□阶梯　□复合			

		滑体特征				滑床特征		
滑坡基本特征	结构特征	岩性	结构	碎石含量（％）	块度（cm）	岩性	时代	产状
			□可辨层次 □零乱	（体积百分比）	□≤5　□5～10 □10～50　□≥50			
		滑面及滑带特征						
		形态	埋深（m）	倾向（°）	倾角（°）	厚度（m）	滑带土名称	滑带土性状
		□线形　□弧形 □阶形　□起伏					□黏土　□粉质黏土 □含砾黏土	
	地下水	埋深（m）		露　头		补给类型		
				□上升泉　□下降泉　□溢水点		□降雨　□地表水　□人工　□融雪		
	土地使用		□旱地　□水田　□草地　□灌木　□森林　□裸露　□建筑					
	现今变形迹象	名　称	部　位	特　征			初现时间	
		□拉张裂缝						
		□剪切裂缝						
		□地面隆起						
		□地面沉降						
		□剥、坠落						
		□树木歪斜						
		□建筑变形						
		□渗冒浑水						
影响因素	地质因素	□节理极度发育　□结构面走向与坡面平行　□结构面倾角小于坡角　□软弱基座 □透水层下伏隔水层　□土体/基岩接触　□破碎风化岩/基岩接触　□强/弱风化层界面						
	地貌因素	□斜坡陡峭　□坡脚遭侵蚀　□超载堆积						
	物理因素	□风化　□融冻　□胀缩　□累进性破坏造成的抗剪强度降低　□孔隙水压力高 □洪水冲蚀　□水位陡降陡落　□地震						
	人为因素	□削坡过陡　□坡脚开挖　□坡后加载　□蓄水位降落　□植被破坏　□爆破振动 □渠塘渗漏　□灌溉渗漏						
	主导因素	□暴雨　□地震　□工程活动						

续附表

稳定性分析	复活诱发因素	□降雨　□地震　□人工加载　□开挖坡脚　□坡脚冲刷　□坡脚浸润 □坡体切割　□风化　□卸荷　□动水压力　□爆破振动					
	目前稳定状况	□稳定性好 □稳定性较差 □稳定性差	已造成危害	毁坏房屋（间）	死亡人口（人）	直接损失（万元）	灾情等级
							□特大型　□大型 □中型　□小型
	发展趋势分析	□稳定性好 □稳定性较差 □稳定性差	潜在威胁	威胁户数	威胁人口（人）	威胁资产（万元）	险情等级
							□特大型　□大型 □中型　□小型

监测建议	□定期目视检查　□安装简易监测设施　□地面位移监测　□深部位移监测		
防治建议	□群测群防　□专业监测　□搬迁避让　□工程治理	隐患点	□是　□否
防灾预案			

滑坡示意图	平面图
	剖面图

调查单位：　　　调查负责人：　　　填表人：　　　填表日期：　　年　月　日

附表5 崩塌调查表

名称				地理位置	省 县（市） 乡 村 社				
野外编号		斜坡类型	□自然岩质 □人工岩质 □自然土质 □人工土质	坐标	X： Y：		标高（m）	坡顶	
室内编号					经度： ° ′ ″ 纬度： ° ′ ″			坡脚	

崩塌类型	□倾倒式 □滑移式 □鼓胀式 □拉裂式 □错断式

崩塌环境	地质环境	地层岩性			地质构造		微地貌		地下水类型
		时代	岩性	产状	构造部位	地震烈度	□陡崖 □陡坡 □缓坡 □平台		□孔隙水 □裂隙水 □岩溶水

	地理环境	降雨量（mm）			水 文			土地利用	
		年均	最大降雨量		丰水位（m）	枯水位（m）	斜坡与河流位置	□耕地 □草地 □灌木 □森林 □裸露 □建筑	
			日	时			□左岸 □右岸		
							□凹岸 □凸岸		

危岩体特征	坡高（m）	坡长（m）	坡宽（m）	规模（m³）	规模等级		坡度（°）	坡向（°）
					□巨型 □大型 □中型 □小型			

	结构特征	岩质	岩体结构			斜坡结构类型	
			结构类型	厚度	裂隙组数	块度（长×宽×高）（m）	□土质斜坡 □碎屑岩斜坡 □碳酸盐岩斜坡 □结晶岩斜坡 □变质岩斜坡
			□整体块状 □块裂 □碎裂 □散体				
			控制面结构				□平缓层状斜坡 □顺向斜坡 □斜向斜坡 □横向斜坡 □反向斜坡 □特殊结构斜坡
			类型	产状	长度（m）	间距（m）	
			□层理面 □片理或壁理面 □节理裂隙面 □覆盖层与基岩接触面 □层内错动带 □构造错动带 □断层			全风化带深度（m）	卸荷裂缝深度（m）

<table>
<tr><td rowspan="18">危岩体特征</td><td rowspan="2">结构特征</td><td rowspan="2">土质</td><td colspan="4">土的名称及特征</td><td colspan="4">下伏基岩特征</td></tr>
<tr><td>名称</td><td>密实度</td><td>稠度</td><td></td><td>时代</td><td>岩性</td><td>产状</td><td>埋深（m）</td></tr>
<tr><td></td><td></td><td>□密　□中　□稍　□松</td><td colspan="2"></td><td></td><td></td><td></td><td></td></tr>
<tr><td colspan="2" rowspan="2">地下水</td><td>埋深（m）</td><td colspan="3">露　头</td><td colspan="4">补给类型</td></tr>
<tr><td></td><td colspan="3">□上升泉　□下降泉　□湿地</td><td colspan="4">□降雨　□地表水　□融雪　□人工</td></tr>
<tr><td colspan="2" rowspan="9">现今变形破坏迹象</td><td>名　称</td><td>部　位</td><td colspan="4">特　征</td><td colspan="2">初现时间</td></tr>
<tr><td>□拉张裂缝</td><td></td><td colspan="4"></td><td colspan="2"></td></tr>
<tr><td>□剪切裂缝</td><td></td><td colspan="4"></td><td colspan="2"></td></tr>
<tr><td>□地面隆起</td><td></td><td colspan="4"></td><td colspan="2"></td></tr>
<tr><td>□地面沉降</td><td></td><td colspan="4"></td><td colspan="2"></td></tr>
<tr><td>□剥、坠落</td><td></td><td colspan="4"></td><td colspan="2"></td></tr>
<tr><td>□树木歪斜</td><td></td><td colspan="4"></td><td colspan="2"></td></tr>
<tr><td>□建筑变形</td><td></td><td colspan="4"></td><td colspan="2"></td></tr>
<tr><td>□渗冒浑水</td><td></td><td colspan="4"></td><td colspan="2"></td></tr>
<tr><td colspan="2" rowspan="2">可能失稳因素</td><td colspan="8">□降雨　□地震　□人工加载　□开挖坡脚　□坡脚冲刷　□坡脚浸润</td></tr>
<tr><td colspan="8">□坡体切割　□风化　□卸荷　□动水压力　□爆破振动</td></tr>
<tr><td colspan="2">目前稳定程度</td><td colspan="4">□稳定性好
□稳定性较差
□稳定性差</td><td colspan="2">今后变化趋势</td><td colspan="2">□稳定性好
□稳定性较差
□稳定性差</td></tr>
</table>

<table>
<tr><td rowspan="5">堆积体特征</td><td>长度（m）</td><td>宽度（m）</td><td>厚度（m）</td><td>体积（m³）</td><td>坡度（°）</td><td>坡向（°）</td><td>坡面形态</td><td>稳定性</td></tr>
<tr><td></td><td></td><td></td><td></td><td></td><td></td><td>□凸　□凹
□直　□阶</td><td>□稳定性好
□稳定性较差
□稳定性差</td></tr>
<tr><td colspan="3">可能失稳因素</td><td colspan="5">□降雨　□地震　□人工加载　□开挖坡脚　□坡脚冲刷　□坡脚浸润
□坡体切割　□风化　□卸荷　□动水压力　□爆破振动</td></tr>
<tr><td colspan="3">目前稳定程度</td><td colspan="2">□稳定性好　□稳定性较差
□稳定性差</td><td>今后变化趋势</td><td colspan="2">□稳定性好　□稳定性较差
□稳定性差</td></tr>
</table>

<table>
<tr><td rowspan="2">已造成危害</td><td>死亡人口（人）</td><td>损坏房屋</td><td>毁路（m）</td><td>毁渠（m）</td><td>其他危害</td><td>直接损失（万元）</td><td colspan="2">灾情等级</td></tr>
<tr><td></td><td>户　间</td><td></td><td></td><td></td><td></td><td colspan="2">□特大型　□大型
□中型　□小型</td></tr>
<tr><td>潜在危害</td><td colspan="2">威胁人口（人）</td><td colspan="3">威胁财产（万元）</td><td>险情等级</td><td colspan="2">□特大型　□大型
□中型　□小型</td></tr>
<tr><td>监测建议</td><td colspan="8">□定期目视检查　□安装简易监测设施　□地面位移监测</td></tr>
<tr><td>防治建议</td><td colspan="5">□群测群防　□专业监测　□搬迁避让　□工程治理</td><td>隐患点</td><td colspan="2">□是　□否</td></tr>
<tr><td>防灾预案</td><td colspan="8"></td></tr>
</table>

示意图	平面图
	剖面图

调查单位： 调查负责人： 填表人： 填表日期： 年 月 日

附表6　泥石流调查表

沟名					野外编号				室内编号		
地理位置	E:		行政区位	省　　地区（州）　　县（市）				高程（m）	最大标高		
	N:			乡（镇）　　　　村					最小标高		
水系名称						坐标		X:			
								Y:			

<table>
<tr><td colspan="12" align="center">泥石流沟与主河关系</td></tr>
<tr><td colspan="3" align="center">主河名称</td><td colspan="3" align="center">泥石流沟位于主河的</td><td colspan="3" align="center">沟口至主河道距离（m）</td><td colspan="3" align="center">流动方向</td></tr>
<tr><td colspan="3"></td><td colspan="3" align="center">□左岸　□右岸</td><td colspan="3"></td><td colspan="3"></td></tr>
</table>

泥石流沟主要参数、现状及灾害史调查

水动力类型	□暴雨　□冰川　□溃决　□地下水			沟口巨石大小（m）		Φ_a	Φ_b	Φ_c
泥砂补给途径	□面蚀　□沟岸崩滑　□沟底再搬运			补给区位置		□上游	□中游	□下游

降雨特征值	$H_{年max}$	$H_{年cp}$	$H_{日max}$	$H_{日cp}$	$H_{时max}$	$H_{时cp}$	$H_{10分钟max}$	$H_{10分钟cp}$

沟口扇形地特征	扇形地完整性（%）		扇面冲淤变幅	±	发展趋势	□下切　□淤高	
	扇长（m）		扇宽（m）		扩散角（°）		
	挤压大河	□河形弯曲主流偏移　□主流偏移　□主流只在高水位偏移　□主流不偏					

地质构造	□顶沟断层　□过沟断层　□抬升区　□沉降区　□褶皱　□单斜					地震烈度（度）	

不良地质体情况	滑坡	活动程度	□严重	□中等	□轻微	□一般	规模	□大　□中　□小
	人工弃体	活动程度	□严重	□中等	□轻微	□一般	规模	□大　□中　□小
	自然堆积	活动程度	□严重	□中等	□轻微	□一般	规模	□大　□中　□小

土地利用（%）	森林	灌丛	草地	缓坡耕地	荒地	陡坡耕地	建筑用地	其他

防治措施现状	□有　□无	类型	□稳拦　□排导　□避绕　□生物工程	
监测措施	□有　□无	类型	□雨情　□泥位　□专人值守	

威胁危害对象	□城镇　□村寨　□铁路　□公路　□航运　□饮灌渠道　□水库　□电站 □工厂　□矿山　□农田　□森林　□输电线路　□通信设施　□国防设施			
	威胁人口（人）		威胁财产（万元）		险情等级	□特大型　□大型 □中型　□小型

续附表

	发生时间（年/月/日）	死亡人口（人）	牲畜损失（头）	房屋（间）		农田（亩）		公共设施		直接损失（万元）	灾情等级	
				全毁	半毁	全毁	半毁	道路（km）	桥梁（座）			
灾害史											□特大型　□大型 □中型　□小型	

泥石流特征	冲出方量（10⁴m³）		规模等级	□巨型　□大型 □中型　□小型	泥位（m）	

泥石流综合评判																
1. 不良地质现象	□严重　□中等　□轻微　□一般						2. 补给段长度比（%）									
3. 沟口扇形地	□大　□中　□小　□无						4. 主沟纵坡（‰）									
5. 新构造影响	□强烈上升区　□上升区 □相对稳定区　□沉降区						6. 植被覆盖率（%）									
7. 冲淤变幅（m）	±	8. 岩性因素		□土及软岩　□软硬相间　□风化和节理发育的硬岩　□硬岩												
9. 松散物储量（10⁴m³/km²）		10. 山坡坡度（°）			11. 沟槽横断面		□V形谷（谷中谷、U形谷） □拓宽U形谷　□复式断面　□平坦形									
12. 松散物平均厚（m）				13. 流域面积（km²）												
14. 相对高差（m）				15. 堵塞程度			□严重　□中等　□轻微　□无									
评分	1	2	3	4	5	6	7	8	9	10	11	12	13	14	15	总分
易发程度	□易发　□中等　□不易发				泥石流类型			□泥流　□泥石流　□水石流								
发展阶段	□形成期　□发展期　□衰退期　□停歇或终止期															
监测建议	□雨情　□泥位　□专人值守															
防治建议	□群测群防　□专业监测　□搬迁避让　□工程治理						隐患点				□是　□否					
防灾预案																

示意图

调查单位：　　　调查负责人：　　　填表人：　　　填表日期：　　年　　月　　日

参考文献

[1] 徐开礼，朱志澄. 构造地质学 [M]. 2版. 北京：地质出版社，1989.

[2] 童建军，马德琴. 土木工程地质实习指导书 [M]. 成都：西南交通大学出版社，2011.

[3] 黄磊. 工程地质实习指导书 [M]. 郑州：黄河水利出版社，2014.

[4] 杨连生. 水利水电工程地质实习指导书 [M]. 北京：中国水利水电出版社，2008.

[5] 孙家齐，陈新民. 工程地质 [M]. 4版. 武汉：武汉理工大学出版社，2015.

[6] 《工程地质手册》编写委员会. 工程地质手册 [M]. 4版. 北京：中国建筑工业出版社，2007.

[7] GB 50330—2013，建筑边坡工程技术规范 [S].

[8] DZ/T 0220—2006，泥石流灾害防治工程勘察规范 [S].

[9] DZ/T 0218—2006，滑坡防治工程勘察规范 [S].

[10] DZ/T 0261—2014，滑坡崩塌泥石流灾害调查规范 （1：50000）[S].

[11] GB 50021—2001（2009年版），岩土工程勘察规范 [S].

[12] JTG D63—2007，公路桥涵地基与基础设计规范 [S].

[13] JTG D70—2004，公路隧道设计规范 [S].

土木工程地质实习报告书

姓　　名：＿＿＿＿＿＿＿＿＿＿＿＿

学　　号：＿＿＿＿＿＿＿＿＿＿＿＿

班　　级：＿＿＿＿＿＿＿＿＿＿＿＿

学生实习评分表

姓　　名：＿＿＿＿＿＿　　学　　　号：＿＿＿＿＿＿

班　　级：＿＿＿＿＿＿　　指导教师：＿＿＿＿＿＿

指导教师评语：

成　绩：＿＿＿＿＿　　　教师签字：＿＿＿＿＿

年　　月　　日

实习一 造岩矿物肉眼鉴定表

日期：　　　年　月　日

矿物编号	矿物名称	形态		颜色	光泽	解理	断口	硬度	其他
		单体	聚合体						

实习二　沉积岩肉眼鉴定表

日期：　　年　月　日

岩石编号	岩石名称	颜色	构造	结构	化学岩物质成分	碎屑岩				其他
						碎屑成分		胶结物		
						成分	含量	成分	含量	

实习三　岩浆岩肉眼鉴定表

日期：　　年　　月　　日

岩石编号	岩石名称	颜色	主要矿物（含量>25％）	次要矿物（含量<25％）	结构		构造	其他
					结晶程度	结晶大小		

3

实习四　变质岩肉眼鉴定表

日期：　　年　　月　　日

岩石编号	岩石名称	颜色	主要矿物	次要矿物	结构	构造	变质类型	变质程度	其他

实习五　地质图读图报告

实习六 _____地质剖面图

_____地质剖面图

实习七　①野外地质记录

样例：

日期：2010年6月5日　　　　地点：清音水电站　　　气候：晴　　　温度：28℃
路线X：清音水电站——龙门洞水电站
点号：3　　　点位：清音水电站东150m　　　　点性：岩性观察
描述：该点为峨眉山玄武岩（P₂β）观察点。玄武岩深灰色，隐晶质结构，致密块状构造，局部为杏仁状构造，杏仁体大小不一，约占20％，成分主要是绿泥岩。
路线地质：从2号点至3号点沿线为峡谷地貌，山高坡陡，出露峨眉山玄武岩，其上覆盖植被和残积层，发育2～3组节理，可见地下水渗出节理，历史上曾发生多次规模不等的崩塌，谷底能见大块的崩落物。

日期：　　　　地点：　　　　气候：　　　　温度：	
	室内修改补充：

日期:	地点:	气候:	温度:

	室内修改补充:

日期： 地点： 气候： 温度：	
	室内修改补充：

日期：	地点：	气候：	温度：	
				室内修改补充：

②节理调查表

点号	位置	地层时代及岩性	岩层产状及构造部位	成因	长度	产状	张开度	粗糙度	起伏度	充填物	含水情况	间距/密度

③水文调查表（泉、井、河流）

编号		河流名称			天气	
调查地点		调查日期			温度	
地质构造			地形地段			
水文工程地质情况					图示：	
河床坡度		水位标高（m）	实例			
水深（m）			访问	最高		
河宽（m）				最低		
流速（m/s）		物理性质	色		溴	味
流量（m³/s）			透明度		水温　℃	
河水用途		河水灾害				
备注						

调查者：_____　日期：_____　复核者：_____　日期：_____

水文调查表（泉、井、河流）

编号		河流名称			天气	
调查地点		调查日期			温度	
地质构造				地形地段		
水文工程地质情况					图示：	
河床坡度		水位标高（m）	实例			
水深（m）			访问	最高		
河宽（m）				最低		
流速（m/s）		物理性质	色	溴	味	
流量（m³/s）			透明度		水温 ℃	
河水用途			河水灾害			
备注						

调查者：_____　日期：_____　　复核者：_____　日期：_____

14

④不良地质工点调查表

工程名称		起讫里程	
不良地质名称			
工程地质特征			
水文地质特征			
措施意见			
示意图			

调查者_____ 复核者_____ 日期_____

不良地质工点调查表

工程名称		起讫里程	
不良地质名称			
工程地质特征			
水文地质特征			
措施意见			
示意图			

调查者＿＿＿＿＿＿ 复核者＿＿＿＿＿＿ 日期＿＿＿＿＿＿

不良地质工点调查表

工程名称		起讫里程	
不良地质名称			
工程地质特征			
水文地质特征			
措施意见			
示意图			

调查者＿＿＿＿＿＿＿　　复核者＿＿＿＿＿＿＿　　日期＿＿＿＿＿＿＿

不良地质工点调查表

工程名称		起讫里程	
不良地质名称			
工程地质特征			
水文地质特征			
措施意见			
示意图			

调查者_____ 复核者_____ 日期_____

⑤工程地质总说明书

⑥各类建筑物工程地质说明书